चाणक्य नीति

सुव्यवस्थित व्यक्ति और समाज के निर्माण हेतु उपयोगी पुस्तक

प्रो. श्रीकान्त प्रसून

वी एण्ड एस पब्लिशर्स

प्रकाशक

वी एण्ड एस पब्लिशर्स

F-2/16, अंसारी रोड, दरियागंज, नई दिल्ली-110002

☎ 23240026, 23240027 • *फैक्स:* 011-23240028

E-mail: info@vspublishers.com • *Website:* www.vspublishers.com

शाखा : हैदराबाद

5-1-707/1, ब्रिज भवन (सेन्ट्रल बैंक ऑफ इण्डिया लेन के पास)

बैंक स्ट्रीट, कोटी, हैदराबाद-500 095

☎ 040-24737290

E-mail: vspublishershyd@gmail.com

शाखा : मुम्बई

जयवंत इंडस्ट्रिअल इस्टेट, 2nd फ्लोर - 222,

तारदेव रोड अपोजिट सोबो सेन्ट्रल मॉल, मुम्बई - 400 034

☎ 022-23510736

E-mail: vspublishersmum@gmail.com

फ़ॉलो करें:

हमारी सभी पुस्तकें **www.vspublishers.com** पर उपलब्ध हैं

मुद्रक: रेप्रो नॉलेजकास्ट लिमीटेड, ठाणे

प्रकाशकीय

हमें अपने पाठकों की सेवा में यह अनमोल कृति **'चाणक्य नीति'** भेंट करते हुए अपार हर्ष एवं गर्व का अनुभव हो रहा है। यह पुस्तक ज्ञान एवं शिक्षा का भण्डार है। इसे पढ़कर पाठक अपने जीवन की दिशा बदल सकते हैं। इस पुस्तक में यथासाध्य आधुनिक व्यवस्था के अनुरूप शब्दों एवं विचारों को प्रस्तुत किया गया है। इसे पढ़कर पाठक आसानी से चाणक्य के पथ–निर्देशित विचारों एवं भावों को हृदयंगम कर सकेंगे।

प्रस्तुत पुस्तक में चाणक्य नीति की विशद व्याख्या सरल हिन्दी में किया गया है। वैसे 'चाणक्य नीति' भारतीय इतिहास की एक अनमोल धरोहर है। इसमें कुल सत्रह अध्याय हैं। 'चाणक्य नीति', महापण्डित चाणक्य द्वारा उनके विशाल एवं विख्यात ग्रन्थ ''कौटिल्य अर्थशास्त्र'' से उन्हीं के द्वारा अलग किये गये सत्रह अध्यायों पर आधारित ग्रन्थ रचना है। जिसे चाणक्य ने अलग से 'चाणक्य नीति' नाम दिया। इस ग्रन्थ की सबसे बड़ी विशेषता यह है कि इसमें सिद्धान्त और व्यवहार का, आदर्श और यथार्थ का तथा ज्ञान और क्रिया का सुन्दर समन्वय है।

सम्पूर्ण पुस्तक सरल और सुबोध हिन्दी में प्रस्तुत की गयी है, ताकि प्रत्येक जन साधारण इसे पढ़कर लाभान्वित हो सके। आप जितनी अभिरुचि एवं मनोयोग से इसका अध्ययन करेंगे, इसमें आपको उतना ही आनन्द तथा ज्ञान में वृद्धि होगी।

—प्रकाशक

विषय-सूची

सुव्यवस्थित व्यक्ति और समाज, सम्पूर्ण चाणक्य नीति

सुव्यवस्थित व्यक्ति और समाज
सम्पूर्ण चाणक्य नीति

1

अध्याय एक

१. प्रणम्य शिरसा विष्णुं त्रैलोक्याधिपतिं प्रभुम्।
नाना शास्त्र उक्त उद्धृतं वक्ष्ये राजनीति समुच्चयम्।

तीनों लोकों, पृथ्वी, अन्तरिक्ष और पाताल, के स्वामी सर्वशक्तिमान, सर्वव्यापक परमेश्वर विष्णु को सिर झुकाकर नमन करने के पश्चात् अनेक शास्त्रों से एकत्र किये गये इस राजनीतिक ज्ञान का वर्णन करता हूँ।

२. अधीत्येदं यथाशास्त्रं नरो जानाति सत्तमः।
धर्म उपदेश विख्यातं कार्य-अकार्यं शुभ-अशुभम्।

श्रेष्ठ पुरुष इस शास्त्र का विधिवत् अध्ययन करके धर्मशास्त्रों के करणीय, अकरणीय तथा शुभ या अशुभ फल देने वाले कर्मों को समझ जायेंगे।

३. तद् अहं सम् प्रवक्ष्यामि लोकानां हित काम्यया।
यस्य विज्ञान मात्रेण सर्वज्ञत्वं प्रपद्यते।

इसलिए मैं मानव के कल्याण की कामना से इस ज्ञान का वर्णन कर रहा हूँ कि मनुष्य सर्वज्ञ हो जाये।

४. मूर्ख शिष्य उपदेशेन दुष्ट स्त्री भरणेन च
दुःखितैः सम्प्रयोगेण पण्डितो अपि अवसीदति ।

मूर्ख शिष्य को उपदेश देने, दुष्ट स्त्री का पालन–पोषण करने, धन के नष्ट होने से और दुःखी व्यक्ति के साथ व्यवहार रखने से बुद्धिमान व्यक्ति को भी कष्ट उठाना पड़ता है।

५. दुष्टा भार्या शठं मित्रं भृत्यः च उत्तरदायकः।
ससर्पे च गृहे वासो मृत्युरेव न संशयः।

दुराचारिणी स्त्री, दुष्ट स्वभाव वाला मित्र और सामने बोलने वाले नौकर के साथ रहना या सर्प से भरे घर में निवास से मृत्यु निश्चित है।

६. आपदर्थे धनं रक्षेद् दारा रक्षे धनैः अपि।
आत्मानं सततं रक्षेद् दारैः अपि धनैः अपि ।

विपत्ति काल से बचने के लिए धन की रक्षा करनी चाहिए। धन देकर भी पत्नी की रक्षा करनी चाहिए। धन और पत्नी द्वारा भी अपनी रक्षा सदा करनी चाहिए ।

७. आपदर्थे धनं रक्षेद्-इमतां कुत आपदः।
कदाचिद् चलिता लक्ष्मीः संचितो अपि विनश्यति।

विपत्ति के समय के लिए धन बचाना चाहिए क्योंकि जिसके पास धन होता है, उसे किसी भी विपत्ति से बचना आसान होता है, किन्तु यह स्मृति में रखने की बात है कि संचित धन भी चंचला लक्ष्मी के कारण नष्ट हो जाता है।

८. यस्मिन् देशे न सम्मानो न वृत्तिः च बान्धवा।
न च विद्या आगमः कश्चित् तं देशं परिवर्जयेत्।

जिस देश में आदर सम्मान नहीं मिले, जहाँ आजीविका का साधन न हो, कोई बन्धु–बान्धव न हों, उस देश को त्याग देना चाहिए।

९. धनिकः श्रोत्रियो राजा नदी वैद्यस्तु पंचमः।
पंच यत्र न विद्यन्ते न तत्र दिवसं वसेत्।

जहाँ धनी, वेद को जानने वाला ब्राह्मण, राजा, नदी और वैद्य, ये पाँच न हों, वहाँ एक दिन भी नहीं रहना चाहिए।

१०. लोकयात्रा भयं लज्जा दाक्षिण्यं त्यागशीलता।
पंच यत्र न विद्यन्ते न कुर्यात् तत्र संस्थितम्।

जहाँ जीवन चलाने के लिए आजीविका का साधन न हो; किसी प्रकार के दण्ड का भय न हो; लोकलाज न हो; व्यक्ति अपने कार्यों में कुशल न हों; दान देने की प्रवृत्ति न हो, वहाँ व्यक्ति को निवास नहीं करना चाहिए।

११. जानीयात् प्रेषणे भृत्यान् बान्धवान् व्यसन आगमे।
मित्रं च आपत्ति-कालेषु भार्यां न विभवक्षये।

काम लेने पर नौकर–चाकर की; व्यसन आने पर बन्धु–बान्धव की, विपत्ति के समय मित्र की और धननाश के समय पत्नी की परीक्षा हो जाती है।

१२. आतुरे व्यसने प्राप्ते दुर्भिक्षे शत्रु-संकटे।
राजद्वारे श्मशाने च यः तिष्ठति स बान्धवः।

रोग से पीड़ित होने पर; दुःख आने पर; अकाल पड़ने पर; शत्रु की ओर से संकट आने पर; राज्य सभा में और श्मशान में जो साथ देता है, वही बन्धु है।

१३. यो ध्रुवाणि परित्यज अध्रुवं परिषेवते।
ध्रुवाणि तस्य नश्यन्ति अध्रुवं नष्टमेव च।

निश्चित को छोड़कर जो व्यक्ति अनिश्चित में लगा रहता है, उसका निश्चित भी नष्ट हो जाता है, अनिश्चित तो नष्ट है ही।

१४. वरयेत् कुलजां प्राज्ञो विरूपां अपि कन्यकाम्।
रूपशीलां न नीचस्य विवाहः सदृशे कुले।

बुद्धिमान व्यक्ति को चाहिए कि वह श्रेष्ठ कुल में उत्पन्न हुई सौन्दर्यहीन कन्या से विवाह कर ले, किन्तु नीच कुल में उत्पन्न हुई सुन्दरी से विवाह न करे। वैसे विवाह समान कुल में ही करना चाहिए।

१५. नखीनां च नदीनां च शृंगीनां शस्त्रपाणिनाम्।
विश्वासो न एव कर्तव्यः स्त्रीषु राजकुलेषु च।

जिनके बड़े–बड़े नाखून हैं; जिनके बड़े–बड़े सींग हैं; जिनके हाथ में अस्त्र–शस्त्र है; स्त्रियों का और राजकुल वाले व्यक्तियों का कभी विश्वास न करें।

१६. विषाद्-अपि-अमृतं ग्राह्यमं-एत्याद्-अपिकांचनम्।
नीचाद्-अपि-उत्तमा विद्या स्त्रीरत्नं दुष्कुलाद् अपि।

विष में भी अगर अमृत हो; अशुद्ध वस्तुओं में यदि सोना हो; नीच के पास भी अच्छी विद्या हो; अगर दुष्ट कुल में उत्तम रत्न समान कन्या हो, तब उसे ग्रहण कर लेना चाहिए।

१७. स्त्रीणां द्विगुणः आहारो लज्जा चापि चतुर्गणा।
साहसः षडगुणं चैव कामोः अष्टगुण उच्यते।

स्त्रियों का भोजन पुरुषों से दुगुना होता है; बुद्धि चौगुनी होती है; साहस छः गुणा और काम आठ गुणा होता है।

2

अध्याय दो

१. अनृतं साहसं माया मूर्खत्वं अति लुब्धता।
अशौचत्वं निर्दयत्वं स्त्रीणां दोषाः स्वभावजा।

झूठ बोलना; बिना सोचे–समझे किसी कार्य को आरम्भ कर देना; दुःसाहस करना; छल–कपट करना; लोभ करना; अपवित्र रहना आदि स्त्रियों के स्वाभाविक दोष हैं।

२. भोज्यं भोजन शक्तिः च रति शक्तिः वरांगना।
विभवो दान-शक्तिः च न अल्पस्य तपसः फलम्।

भोजन के लिए अच्छे पदार्थों का होना; उन्हें खाकर पचाने की शक्ति होना; सुन्दर स्त्री का मिलना; उससे सम्भोग की काम–शक्ति होना; धन के साथ दान देने की शक्ति होना; किसी तप के फल में ही प्राप्त हो सकती हैं अन्यथा नहीं।

३. यस्य पुत्रा वशीभूता भार्या छन्द अनुगामिनी।
विभवे यः च सन्तुष्टः तस्य स्वर्ग इहैव हि।

जिसके पुत्र वश में रहते हैं; पत्नी उसकी इच्छा के अनुरूप कार्य करती है और जो व्यक्ति अपने धन से सन्तुष्ट है, उसके लिए पृथ्वी पर ही स्वर्ग है।

४. ते पुत्रा ये पितृभक्ताः स पिता यस्तु पोषकः।
तन्मित्रं यस्य विश्वासः सा भार्या यत्र निर्वृतिः।

पुत्र वही, जो पिता का भक्त है; पिता वही जो पुत्र का पालन–पोषण करता हो; मित्र भी वही जिसपर विश्वास हो और पत्नी भी वही, जिससे सुख की प्राप्ति हो।

५. परोक्षे कार्य हन्तारं प्रत्यक्षे प्रियवादिनम्।
त्यजते तादृशं मित्रं विषकुम्भं पयोमुखम्।

जो पीठ पीछे कार्य बिगाड़े और सामने मीठी बातें करे; ऐसे मित्र को उस घड़े के समान त्याग देना चाहिए, जिसमें भरा तो विष हो, मगर मुँह पर दूध रखा हो।

६. न विश्वसेत् कुमित्रे च मित्रे च-अपि न विश्वयेत्।
कदाचित् कुपितं मित्रं सर्वं गुह्यं प्रकाशयेत्।

मित्र खोटा हो या अच्छा उस पर विश्वास नहीं करना चाहिए। क्या पता कभी क्रोध

में आकर वह रहस्य की बातें उगल दे।

७. मनसा विचिन्ततं कार्यं वचसा न प्रकाशयेत्।
मन्त्रेण रक्षयेद् गूढं कार्ये च अपि नियोजेत्।

मन में सोचे हुए कार्य को वाणी द्वारा प्रकट नहीं करना चाहिए; शक्तिभर उसकी रक्षा करनी चाहिए और मनन–चिन्तन करते हुए उसे कार्य–रूप में बदलना चाहिए।

८. कष्टं च खलु मूर्खत्वं कष्टं च खलु यौवनम्।
कष्ट अति कष्टकरं च एव पर गेह-निवासनम्।

मूर्खता कष्टदायक है और जवानी भी दुःखकर है। किन्तु इन सबसे ज्यादा कष्टकर है आश्रित होकर दूसरे के घर में निवास करता।

९. शैले शैले न माणिक्यं मौक्तिं न गजे गजे।
साधवो न हि सर्वत्र चन्दनं न वने वने।

सभी पहाड़ों पर मणियाँ नहीं मिलतीं; सभी हाथियों में मोती नहीं होते; हर जगह साधु नहीं मिलते और प्रत्येक जंगल में चन्दन वृक्ष नहीं होता।

१०. पुत्राः च विविधैः शीलैः नियोज्याः सततं बुधैः।
नीतिज्ञाः शीलसम्पन्ना भवन्ति कुलपूजिताः।

बुद्धिमान लोगों को चाहिए कि वे अपने पुत्रों को अनेक गुणों से सम्पन्न बनावें, क्योंकि नीति जानने वाले और शीलवान ही कुल के पूज्यनीय होते हैं।

११. माता शत्रुः पिता बैरी याभ्यां बाला न पठिताः।
न शोभन्ते सभामध्ये हंसमध्ये बका यथा।

वे माता–पिता शत्रु के समान हैं, जो अपने बालकों को अच्छी शिक्षा नहीं देते, क्योंकि अज्ञानी रह जाने पर सभा में उसे प्रतिष्ठा नहीं मिलती जैसे हंसों के बीच में बगुले को।

१२. लालनाद् बहवो दोषाः ताडनाद् बहवो गुणाः।
तस्मात्पुत्रं च शिष्यं च ताडयेन तु लालयेत्।

दुलार से बच्चों में बहुत–से दोष उत्पन्न हो जाते हैं। दण्ड देने से उनमें गुणों का विकास होता है। इसलिए पुत्रों और शिष्यों को सदा दुलार नहीं करना चाहिए, ताड़ना भी देते रहना चाहिए।

१३. श्लोकेन या तद्अर्थेन तदर्धार्धाक्षरेण वा।
अवन्ध्यं दिवसं कुर्याद् दान अध्ययन कर्मभिः।

प्रत्येक व्यक्ति का यह कर्तव्य है कि दान और अध्ययन में अपना समय बिताये; उसे व्यर्थ न जाने दे। उसे प्रतिदिन एक श्लोक का पाठ और मनन करना चाहिए; एक नही। तब आधा श्लोक या एक भाग का या एक शब्द का पाठ और मनन करना चाहिए।

१४. कान्तावियोगः स्वजनअपमानः ऋणस्य शेषःकुनृपस्य सेवा।
दरिद्रभावो विषमा सभा च विनाअग्निम-एते प्रदहन्ति कायम्।

पत्नी से वियोग; बन्धु–बान्धवों से अपमान; कर्ज से दबा होना; दुष्ट मालिक की सेवा में रहना; निरन्तर निर्धन बने रहना; स्वार्थियों के समाज में रहना; बिना अग्नि के ही शरीर को जलाता रहता है।

१५. नदीतीरे च ये वृक्षाः पर गेहेषु कामिनी।
मन्त्रिहीनाः च राजानः शीघ्रं नश्यन्ति असंशयम्।

नदी के किनारे के वृक्ष; दूसरे के घर में स्त्री; बिना मन्त्री का राजा; निस्सन्देह शीघ्र समाप्त हो जाते हैं।

१६. बलं विद्या च विप्राणां राज्ञां सैन्यं बलं तथा।
बलं वित्तं च वैश्यानां शूद्राणां परिचर्यकम्।

विद्या में ब्राह्मण का बल है; सेना में राजा का बल है; धन में व्यवसायी का बल है और कार्य कुशलता में कामगरों का, शूद्रों का बल होता है।

१७. निर्धनं पुरुषं वेश्या प्रजा भग्नंनृपं त्यजेत्।
खगा वीतफलं वृक्षं भुक्त्वा च अभ्यागता गृहम्।

वेश्या निर्धन पुरुष को; प्रजा पराजित राजा को; पक्षी फलहीन वृक्ष को और भोजनोपरान्त अतिथि गृह को त्याग देते हैं।

१८. गृहीत्वा दक्षिणां विप्राः त्यजन्ति यजमानकम्।
प्राप्तविद्या गुरुं शिष्या दग्धा अरण्यं मृगाः तथा।

दक्षिणा लेकर ब्राह्मण यजमान का घर छोड़ देता है; विद्या लेकर शिष्य गुरु का आश्रम छोड़ देता है और जंगल के जल जाने पर मृग उसे छोड़ देते हैं।

१९. दुराचारी दुरा दृष्टिः दुरा आवासी च दुर्जनः।
यन्मैत्री क्रियते पुम्भिः स तु शीघ्र विनश्यति।

दुष्ट चरित्र वाले; अकारण दूसरे को हानि पहुँचाने वाले; गन्दे स्थान में रहने वाले से जो मित्रता करता है, वह शीघ्र नष्ट हो जाता है।

२०. समाने शोभते प्रीतिः राज्ञिः सेवा च शोभते।
वाणिज्यं व्यवहारेषु स्त्री दिव्या स्त्री शोभते गृहे।

समान कुल में सम्बन्ध शोभा देता है; राजा की नौकरी शोभा देती है; कार्य में व्यापार शोभा देता है और कुशल, श्रेष्ठ नारी घर में शोभा देती है।

3

अध्याय तीन

१. कस्य दोषः कुले नास्ति व्याधिना को न पीड़ितः।
व्यसनं केन प्राप्तं कस्य सौख्यं निरन्तरम्।

हर कुल में कोई–न–कोई दोष अवश्य है; हर जीव में कोई–न–कोई व्याधि अवश्य है; व्यसन में डूबनेवाले को कष्ट अवश्य झेलना पड़ता है और कोई भी सदा सुखी नहीं रहता।

२. आचारः कुलं आख्याति देशं आख्याति भाषणम्।
सम्भ्रमः स्नेहं-आख्याति वपुरा ख्याति भोजनम्।

व्यक्ति के व्यवहार से कुल का पता चलता है; बोली से उसके स्थान का पता चलता है; जो सम्मान वह देता है, उससे उसके प्रेम का पता चलता है और शरीर से उसके भोजन का पता चलता है।

३. सत्कुले योजयेत् कन्यां पुत्रं विद्यासु योजयेत्।
व्यसने योजयेत् शत्रुं मित्रं धर्मे नियोजयेत्।

कन्या का विवाह अच्छे कुल में करें; पुत्र को अच्छी शिक्षा दें; शत्रु को गलत आदत डाल दें और मित्र को धर्म के मार्ग पर लगाना उचित है।

४. दुर्जनस्य च सर्पस्य वरं सर्पो न दुर्जनः।
सर्पो दंशति काले तु दुर्जनः पदे'पदे।

दुष्ट व्यक्ति या साँप में से किसी एक को बचाना हो, तब साँप को बचाइये, क्योंकि साँप समय आने पर ही काटेगा, किन्तु दुष्ट व्यक्ति पग–पग पर डँसेगा।

५. एतदर्थं कुलीनानां नृपाः कुर्वन्ति संग्रहम्।
आदि-मध्य-अवसानेषु न त्यजन्ति च ते नृपम्।

राजा अपने पास कुलीन व्यक्तियों को इसलिए रखते हैं कि वे राजा की उन्नति, अवनति और विपत्ति किसी भी समय नहीं छोड़ते।

६. प्रलये भिन्न मर्यादा भवन्ति किल सागराः।
सागरा भेदं इच्छन्ति प्रलये अपि न साधवः।

समुद्र भी प्रलय की स्थिति में अपनी सीमा का उल्लंघन कर शेष को डुबा देते हैं, किन्तु प्रलय आने पर भी सज्जन अपनी सीमा का अतिक्रमण नहीं करते।

७. मूर्खस्तु परिहर्तव्यः प्रत्यक्षो द्विपदः पशुः।
भिनत्ति वाक्य शल्येन अदृष्टः कण्टका यथा।

मूर्ख व्यक्ति को छोड़ देना चाहिए, क्योंकि अन्य मनुष्य की तरह दो पैर का होकर भी मूर्ख दो पैर के 'पशु' के समान है। वह सज्जनों को ऐसे कष्ट पहुँचाता है, जैसे शरीर में चूभा हुआ काँटा।

८. रूप-यौवन-सम्पन्ना विशालकुलसम्भवाः।
विद्याहीना न शोभन्ते निर्गन्धा इव किंशुकाः।

सुन्दर रूपवाला, यौवन से युक्त, ऊँचे कुल में उत्पन्न, विद्या से हीन व्यक्ति गन्धहीन टेसू के फूल की भाँति कहीं भी आदर नहीं पाता।

९. कोकिलानां स्वरो रूपं स्त्रीणां रूपं पतिव्रतम्।
विद्या रूपं कुरूपाणां क्षमा रूपं तपस्विनाम्।

कोयल की सुन्दरता उसके स्वर में है; स्त्रियों की सुन्दरता उनके पतिव्रता होने में है; कुरूप लोगों की सुन्दरता उनकी विद्वता में है और तपस्वियों का सौन्दर्य क्षमा में है।

१०. त्यजेत् एकं कुलस्यार्थे ग्रामास्यार्थे कुलं त्यजेत्।
ग्रामं जनपदस्यार्थे आत्मार्थे पृथिवी त्यजेत्।

कुल की रक्षा के लिए एक व्यक्ति का त्याग करें; ग्राम की रक्षा के लिए कुल का त्याग करें; जनपद की रक्षा के लिए ग्राम का त्याग करें और आत्मा की रक्षा के लिए पृथिवी तक त्याग दें।

११. उद्योगे नास्ति दारिद्रयं जपतो नास्ति पातकम्।
मौने च कलहो नास्ति नास्ति जागरतो भयम्।

श्रम करने वाला दरिद्र नहीं रहता; जाप करने वाले का पाप खत्म हो जाता है; चुप रहने पर कलह की सम्भावना नहीं है और जो जगा हुआ है, उसे भय नहीं लगता।

१२. अति रूपेण वै सीता अति गर्वेण रावणः।
अति दानाद् बलिः-र्बद्धो अति सर्वत्र वर्जयेत्।

अत्यन्त रूपवती होने के कारण ही सीता का अपहरण हुआ; अति अहंकार के कारण रावण मारा गया; अति दानशीलता के कारण बलि का बन्धन हुआ। इसलिए हर जगह अति से बचें।

१३. को हि भारः समर्थानां किं दूरं व्यवसायिनाम्।
को विदेशः सुविद्यानां को प्रियः प्रियवादिनाम्।

समर्थ के लिए कुछ भी बोझ नहीं होता; व्यापारी के लिए कोई भी स्थान दूर नहीं है; विद्वान् के लिए कोई भी देश विदेश नहीं है और मृदुभाषी के लिए कोई भी पराया नहीं है।

१४. एकेन अपि सुवृक्षेण पुष्पितेन सुगन्धिना।
वासितं तद्-वनं सर्वं सुपुत्रेण कुलं तथा।

जिस प्रकार सुगन्धित पुष्प से लदा एक ही वृक्ष पूरे वन को सुगन्धित कर देता है, उसी प्रकार एक सुपुत्र पूरे कुल की शोभा बढ़ा देता है।

१५. एकेन शुष्क वृक्षेण दह्यमानेन वह्निना।
दह्यते तद् वनं सर्वं कुपुत्रेण कुलं यथा।

एक ही सूखे वृक्ष में आग लगने से पूरा वन जल जाता है, उसी तरह एक कुपुत्र से सारा कुल नष्ट हो जाता है।

१६. एकेन अपि सुपुत्रेण विद्या युक्तेन साधुना।
आह्लादितं कुलं सर्वं यथा चन्द्रेण शर्वरी।

एक ही पुत्र अगर विद्वान् और चरित्रवान हो, तब पूरा कुल प्रसन्न हो जाता है, जैसे चन्द्रमा के आते ही काली रात में चाँदनी खिल जाती है।

१७. किं जातैः बहुभिः पुत्रैः शोक-सन्ताप-कारकैः।
वरमेकः कुलालम्बी यत्र विश्राम्यते कुलम्।

दुःख देने वाले और हृदय को जलाने वाले अनेक पुत्रों से क्या? कुल को सहारा देने वाला एक ही पुत्र श्रेष्ठ होता है।

१८. लालयेत् पंच वर्षाणि दश वर्षाणि ताडयेत्।
प्राप्ते तु षोडशे वर्षे पुत्रं मित्र मिवाचरेत्।

पाँच वर्ष की आयु तक पुत्र से स्नेह करना चाहिए; दस वर्ष तक उसे दण्डित करना चाहिए; सोलह वर्ष का होने पर उससे मित्रवत् व्यवहार करना चाहिए।

१९. उपसर्गे अन्य चक्रे च दुर्भिक्षे च भयावहे।
असाधुजन संसर्गे यः पलायति सः जीवति।

प्राकृतिक विपत्ति से, महामारी से, शत्रु देश के आक्रमण करने पर, अकाल पड़ने पर और नीच लोगों की संगति से, जो विलग हो जाता है; पलायन कर जाता है, वह बच जाता है।

२०. धर्म-अर्थ-काम-मोक्षेषु यस्यैकोऽपि न विद्यते।
जन्म-जन्मनि मर्त्येषु मरणं तस्य केवलम्।

जिस व्यक्ति के पास धर्म, अर्थ, काम और मोक्ष में से एक भी पास नहीं है, उसे बार–बार केवल जन्मना और मर जाना है।

२१. मूर्खाः यत्र न पूज्यन्ते धान्यं यत्र सुसंचितम्।
दाम्पतत्ये कलहो नास्ति तत्र श्रीः स्वयं आगता।

जहाँ मूर्ख की पूजा नहीं होती; जहाँ अन्न सदा एकत्रित रहता है; जहाँ पति–पत्नी में कलह नहीं होता, वहाँ लक्ष्मी स्वयं आकर निवास करने लगती हैं।

4

अध्याय चार

१. आयुः कर्म च वित्तं च विद्या निधनं एव च।
पंचैतानि हि सृज्यन्ते गर्भस्थस्येव देहिनः।

जीव जब माँ के गर्भ में आता है, उसी समय विधाता द्वारा उसकी आयु, कर्म, धन, विद्या, मृत्यु आदि निश्चित हो जाते हैं।

२. साधुभ्यस्ते निवर्तन्ते पुत्रा मित्राणि बान्धवाः।
ये च तैः सह गन्तारः-तद्-धर्मात्-सुकृतं कुलम्।

जो बन्धु–बान्धव, साधुओं, सज्जनों के समान आचरण करते हैं, उनसे सारे कुल को गति मिलती है।

३. दर्शन-ध्यान-संस्पर्शैः-मत्सी कूर्मी च पक्षिणी।
शिशुं पालयते नित्यं तथा सज्जनसंगति।

जैसे मछली केवल दृष्टि से; कछुआ देख–भाल करके और पक्षी स्पर्श से अपने शिशुओं की देखभाल करते हैं, उसी तरह केवल सज्जनों की संगति से व्यक्ति का लालन–पालन हो जाता है।

४. यावत्-स्वस्थो ह्ययं देहो यावन्मृत्युः च दूरतः।
तावत्-आत्महितं कुर्यात् प्राणान्ते किं करिष्यति।

जबतक शरीर स्वस्थ है और मृत्यु दूर है, तब तक आत्मा का जितना हो सके, परिष्कार कर लें। मरने के बाद क्या करेंगे?

५. कामधेनुगुणा विद्या ह्यकाले फलदायिनी।
प्रवासे मातृसदृशी विद्या गुप्तंधनं स्मृतम्।

विद्या में कामधेनु के गुण होते हैं। उससे तत्काल फल की प्राप्ति होती है। विदेश में विद्या माता के समान होती है। विद्या को गुप्तधन के रूप में जाना जाता है।

६. एकोऽअपि गुणी पुत्रो निर्गुणः च शतैः अपि।
एकः चन्द्रः तमो हन्ति न च तारा सहस्रशः।

गुणरहित सैकड़ों पुत्रों से एक गुणवान पुत्र श्रेष्ठ है, क्योंकि एक चन्द्रमा अन्धकार हर लेता है, हजारों तारे नहीं।

७. मूर्खः चिरायुःजातो अपि तस्मात् जात मृतो वरः।
मृतः स च अल्प दुःखाय यावत् जीवं जडो दहेत्।

दीर्घ आयुवाले मूर्ख की अपेक्षा जनमकर मर जानेवाला पुत्र श्रेष्ठ होता है, क्योंकि वह थोड़े दिनों की पीड़ा देता है, किन्तु लम्बी आयु वाला पुत्र जबतक जीवित रहता है तबतक दुःख ही दुःख देता है।

८. कुग्रामवासः कुलहीनसेवा कुभोजनं क्रोधमुखी च भार्या।
पुत्राश्च मुर्खो विधवा च कन्या विना अग्निना षट् प्रदहति कायम्।

दुष्ट–ग्राम में रहना; नीच व्यक्ति की सेवा; कुभोजन; झगड़ालू स्त्री; मूर्ख पुत्र और विधवा बेटी – ये छः बिना अग्नि के भी सदा जलाते रहते हैं।

९. किं तया क्रियते धेन्वा या न दोग्ध्री न गर्भिणी।
को-अर्थः पुत्रेण जातेन यो न विद्वान् न भक्तिमान्।

जैसे उस गाय से कोई लाभ नहीं, जो न गर्भिणी हो और न दूध देती हो, उसी तरह उस पुत्र से कोई लाभ नहीं, जो न तो विद्वान् हो और न धार्मिक हो।

१०. संसार तापदग्धानां त्रयो विश्रान्तिहेतवः।
अपत्यं च कलत्रं च सतां संगतिएव च।

इस संसार में दुःखी लोगों को तीन ही चीज से शान्ति प्राप्त हो सकती है : अच्छी सन्तान; पतिव्रता पत्नी और सज्जन का सत्संग।

११. सकृत् जल्पन्ति राजानः सकृत् जल्पन्ति पण्डिताः।
सकृत् कन्याः प्रदीयन्ते त्रीण्येतानि सकृत्सकृत्।

राजा एक ही बार आज्ञा देते हैं; पण्डित विचार कर एक ही बात बोलते हैं; कन्या एक ही बार ब्याही जाती है। जो एक बार वचन दे दिया, उसे ही निभाया जाता है।

१२. एकाकिना तपो द्वाभ्यां पठनं गायनं त्रिभिः।
चतुर्भिर्गमनं क्षेत्र पंचभिबर्हुभिः रणम्।

तप अकेला किया जाता है; अध्ययन दूसरे के साथ किया जाता है; गायन तीन के साथ होता है; यात्रा चार की अच्छी होती है; खेती के लिए पाँच जरूरी हैं मगर युद्ध में बहुत व्यक्तियों का होना जरूरी है।

१३. सा भार्या या शुचिर्दक्षा सा भार्या या पतिव्रता।
सा भार्या या पतिप्रीता सा भार्या सत्यवादिनी।

अपने कार्यों में निपुण पत्नी श्रेष्ठ है; पतिव्रता पत्नी श्रेष्ठ है; जो पति से स्नेह करे और सत्य बोले वही पत्नी श्रेष्ठ है।

१४. अपुत्रस्य गृहं शून्यं दिशः शून्यास्त्वबान्धवाः।
मूर्खस्य हृदय शून्यं सर्वशून्या दरिद्रता।

बेटा के बिना घर सूना रहता है; बन्धु–बान्धव के बिना सारी दिशाएँ शून्य रहती हैं; मूर्ख व्यक्ति का हृदय सूना होता है और दरिद्र के लिए सब सूना ही सूना होता है।

१५. अन अभ्यासे विषं शास्त्रं जीर्णे-भोजनं विषम्।
दरिद्रस्य विषं गोष्ठी वृद्धस्य तरुणी विषम्।

अभ्यास के बिना शास्त्र विष होता है; पाचन सही नहीं होने पर भोजन विष होता है; दरिद्र के लिए लोगों के बीच में रहना विष होता है; और वृद्ध के लिए युवती विष होती है।

१६. त्यजेत् धर्मं दयाहीनं विद्याहीनं गुरुं त्यजेत्।
त्यजेत् क्रोधमुखीं भार्यां निःस्नेहान् बान्धवाः त्यजेत्।

जिस धर्म में दया न हो उसे त्याग दें; जिस गुरु के पास विद्या न हो, उसे त्याग दें; सदा क्रोध करने वाली स्त्री को त्याग दें और जिन बन्धु–बान्धवों में स्नेह न हो, उन्हें भी त्याग देना चाहिए।

१७. अध्वा जरा मनुष्याणां वाजिनां बन्धनं जरा।
अमैथुनं जरा स्त्रीणां वस्त्राणां आतपो जरा।

जो ज्यादा पैदल चलता है वह जल्दी वृद्ध हो जाता है; बाँधकर रखे हुए घोड़े जल्दी बूढ़े हो जाते हैं; सम्भोग न हो, तब स्त्रियाँ जल्दी बूढ़ी हो जाती हैं और धूप में वस्त्र जल्दी पुराने हो जाते हैं।

१८. कः कालः कानि मित्राणि को देशः कौ व्यय आगमौ।
कस्याहं का च मे शक्तिः इति चिन्त्यं मुहुर्मुहुः।

व्यक्ति को निम्नलिखित बातें बार–बार सोचनी–विचारनी चाहिए : समय कैसा है? मित्र कितने हैं? देश कैसा है? खर्च और आमदनी क्या है? मैं कौन हूँ? मेरी शक्ति क्या है?

१९. जनिता चोपनेता च यस्तु विद्यां प्रयच्छति।
अन्नदाता भयत्राता पंच एते पितरः स्मृता।

ये पाँच पिता होते हैं : जन्म देने वाला; जनेऊ कराने वाला; ज्ञान देने वाला; अन्न देने वाला और भय से रक्षा करने वाला।

२०. *राजपत्नी गुरोः पत्नी मित्रपत्नी तथैव च।*
पत्नी-माता स्वमाता च पंच-एता मातरः स्मृताः।

ये पाँच माताएँ होती हैं : राजरानी; गुरु–पत्नीः मित्र–पत्नी; पत्नी की माता और अपनी जननी।

२१. *अग्निः देवो द्वि जातीनां मुनीनां हृदि दैवतम्।*
प्रतिमा स्वल्प बुद्धिनां सर्वत्र समदर्शिनः।

ब्राह्मण, वैश्य और क्षत्रिय को द्विजाति कहा गया है, इनका देव यज्ञ है। मुनियों का देवता उनके हृदय में निवास करता है। मूर्खों के लिए मूर्ति ही देवता है। मगर जिनकी दृष्टि परिपक्व होती है, उनके लिए सब जगह देवता हैं।

5

अध्याय पाँच

१. गुरुः-अग्निः द्विजातीनां वर्णानां ब्राह्मणो गुरुः।
पतिः एव गुरुः स्त्रीणां सर्वस्य अभ्यागतो गुरुः।

ब्राह्मण, वैश्य और क्षत्रिय के लिए अग्नि गुरु हैं; चारों वर्णों के लिए ब्राह्मण गुरु है; स्त्री के लिए पति गुरु है; अतिथि सभी के लिए गुरु है।

२. यथा चतुर्भिः कनकं परीक्ष्यते निघर्षण च छेदन-ताप-ताडनैः।
तथा चतुर्भिः पुरुषः परीक्ष्यते त्यागेन शीलेन गुणेन कर्मेणा।

जिस प्रकार सोने को घिसकर, काटकर, तपाकर और कूटकर चार प्रकार से जाँच की जाती है, उसी प्रकार त्याग, शील, गुण और कर्म की परीक्षा करके पुरुष की जाँच की जाती है।

३. तावद् भयेन भेतव्यं यावद भयं अनागतम्।
आगतं तु भयं दृष्ट्वा प्रहर्तव्यं अशंकया।

संकट का भय तभी तक है जब तक वह आ नहीं जाता। संकट के आ जाने पर पूरी शक्ति से उसे दूर करने का प्रयास करना चाहिए।

४. एक उदर सम् उद्भूता एक नक्षत्र जातकाः।
न भवन्ति समाः शीले यथा बदरिकण्टका।

एक ही माता के पेट और एक ही नक्षत्र में जनमे बालक गुण, कर्म और स्वभाव से एक जैसे नहीं, होते जैसे बेर के फल और काँटे एक से नहीं होते।

५. निःस्पृहो न अधिकारी स्यान्न अकामी मण्डनप्रियः।
न अविदग्धः प्रियं ब्रूयात् स्पष्टवक्ता न वंचकः।

कोई भी अधिकारी लोभरहित नहीं होता; शृंगार करने वाले में कामभाव अधिक होता है; जो चतुर नहीं है, वह मधुर नहीं बोल सकता; स्पष्ट बोलने वाला धोखेबाज नहीं होता।

६. मूर्खाणां पण्डिता द्वेष्या अधनानां महाधनाः।
दुर्भगाणां च सुभगाः कुलटानां कुलांगनाः।

मूर्ख का द्वेष विद्वान् से होता है; गरीब का धनी से; वेश्या का कुलीन नारियों से और अभागों का भाग्यवानों से।

७. *आलस्य उपहता विद्या परहस्त गताः स्त्रियः।*
अल्पबीजं हतं क्षेत्रं हतं सैन्यं अनायकम्।

आलस्य के कारण विद्या नष्ट हो जाती है; दूसरे के हाथ में गयी हुई स्त्री नष्ट हो जाती है; कम बीज के कारण खेत बेकार हो जाता है और सेनापति के बिना सेना बेकार हो जाती है।

८. *अभ्यासाद् धार्यते विद्या कुलं शीलेन धार्यते।*
गुणेन ज्ञायते त्वार्यः कोपो नेत्रेण गम्यते।

विद्या अभ्यास से बढ़ती और बची रहती है; उत्तम स्वभाव से कुल का गौरव स्थिर रहता है; अच्छे गुणों से श्रेष्ठ की पहचान होती है और क्रोध आँखों से ही प्रकट हो जाता है।

९. *वित्तेन रक्ष्यते धर्मो विद्या योगेन रक्ष्यते।*
मृदुना रक्ष्यते भूपः सत्स्त्रिया रक्ष्यते गृहम्।

धन से धर्म की रक्षा की जाती है; योग से विद्या को बचाया जाता है; मधुरता से राजा को बचाया जाता है और अच्छी स्त्रियाँ घर की रक्षा करती हैं।

१०. *अन्यथा वेदपाण्डित्यं शास्त्रं आचारं अन्यथा।*
अन्यथा कुवचः शान्तं लोकाः क्लिश्यन्ति च अन्यथा।

विद्वान् के पाण्डित्य की निन्दा करने वाले; शास्त्र सम्मत आचरण को व्यर्थ बताने वाले; धीर, गम्भीर व्यक्ति को ढोंगी कहने वाले सदा दुःख उठाते हैं।

११. *दारिद्रय-नाशनं दानं शीलं दुर्गति नाशनम्।*
अज्ञान-नाशिनी प्रज्ञा भावपा भयनाशिनी।

दान देने से दरिद्रता समाप्त होती है; अच्छे आचरण से कष्ट दूर होता है; विद्या से अज्ञान दूर होता है और ईश्वर की भक्ति से भय समाप्त होता है।

१२. *नास्ति कामसमो व्याधिर्नास्ति मोहसमो रिपुः।*
नास्ति कोपसमो वह्निः नास्ति ज्ञानात् परं सुखम्।

काम वासना के समान कोई रोग नहीं है; मोह से बड़ा कोई शत्रु नहीं है; क्रोध से बड़ी आग नहीं है; और ज्ञान से बड़ा सुख नहीं है।

१३. *जन्ममृत्यु हि यात्येको भुनक्त्येकं शुभ-अशुभम्।*
नरके स पतत्येक एको याति परां गतिम्।

मनुष्य अकेला ही जन्म लेता है; अकेला ही पाप–पुण्य का फल भोगता है; अकेले ही नरक का दुःख उठाता है और अकेला ही मोक्ष को प्राप्त करता है।

१४. *तृणं ब्रह्मविदः स्वर्गः तृणं शूरस्य जीवितम्।*
जिताक्षस्य तृणा नारी निःस्पृहस्य तृणं जगत्।

ब्रह्मज्ञानी के लिए स्वर्ग तिनके के समान है; शूरवीर के लिए जीवन तिनके के समान

है; संयमी के लिए स्त्री तिनके के समान है और निर्लोभी के लिए सारा संसार ही तिनके के समान है।

१५. विद्या मित्रं प्रवासेषु भार्या मित्रं गृहेषु च।
व्याधितस्य औषधं मित्रं धर्मो मित्रं मृतस्य च।

प्रवास में विद्या मित्र है; घर में पत्नी मित्र है; बीमार के लिए औषधि मित्र है और मृतक के लिए धर्म मित्र है।

१६. वृथा वृष्टिः समुद्रेषु वृथा तृप्तेषु भोजनम्।
वृथा दानं धनाढ्येषु वृथा दीपो दिवा-अपि च।

समुद्र में वर्षा बेकार है; तृप्त को भोजन देना बेकार है; धनी को दान देना बेकार है और दिन में दीप जलाना व्यर्थ है।

१७. नास्ति मेघसमं तोयं नास्ति च आत्मसमं बलं।
नास्ति चक्षुःसमं तेजो नास्ति धान्यसमं प्रियम्।

बादल के जल सा जल नहीं; आत्म बल जैसा बल नहीं; नेत्र जैसा तेज नहीं और अन्न के समान कोई प्रिय नहीं।

१८. अधना धनं इच्छन्ति वाचं चैव चतुष्पदाः।
मानवाः स्वर्गं इच्छन्ति मोक्षं इच्छन्ति देवताः।

धनहीन धन चाहता है; चौपाये बोलना चाहते हैं; मानव स्वर्ग चाहता है और देवता केवल मोक्ष चाहते हैं।

१९. सत्येन धार्यते पृथिवी सत्येन तपते रविः।
सत्येन वाति वायुः च सर्वं सत्ये प्रतिष्ठितम्।

सत्य के कारण धरती स्थिर है; सत्य के कारण सूर्य तपते हैं; सत्य से ही हवा बहती है। सभी सत्य पर टिके हैं।

२०. चला लक्ष्मीः अचलाः प्राणः अचलं जीवित यौवनम्।
चल-अचले च संसारे धर्म एको हि निश्चलः।

लक्ष्मी चलायमान है; प्राण भी नाशवान है; जीवन और यौवन भी नष्ट हो जाते हैं;। इस चराचर जगत् में केवल धर्म ही स्थिर है।

२१. नरानां नापितो धूर्तः पक्षिणां चैव वायसः।
चतुष्पदां शृगालस्तु स्त्रीणां धूर्ता च मालिनी।

मनुष्य में नाई सबसे ज्यादा चालाक होता है; पक्षियों में कौवा; जानवरों में गीदड़ और स्त्रियों में मालिन अधिक चालाक होती है।

6

अध्याय छः

१. श्रुत्वा धर्मं विजानाति श्रुत्वा त्यजति दुर्मतिम्।
श्रुत्वा ज्ञानं वाप्नोति श्रुत्वा मोक्षं वाप्नुयात्।

वेद आदि शास्त्रों को सुनकर व्यक्ति धर्म के रहस्य को जान लेता है; विद्वान्ों की बात सुनकर दुष्ट भी दुष्टता त्याग देता है; गुरु ज्ञान पाकर मनुष्य मुक्ति पा लेता है।

२. पक्षिणां काकः चाण्डलः पशूना चैव कुक्कुरः।
मुनीनां कोपी चाण्डालः सर्वेषां चैव निन्दकः।

पक्षियों में कौवा चाण्डाल है; पशुओं में कुत्ता चाण्डाल है; मुनियों में क्रोधी मुनि चाण्डाल है और लोगों में निन्दक चाण्डाल है।

३. भस्मना शुध्यते कांस्यं ताम्रं अम्लेन शुध्यति।
रजसा शुध्यते नारी नदी वेगेन शुध्यति।

कांसा राख से माँजने पर शुद्ध होता है; ताँबा अम्ल से शुद्ध होता है; नारी राजस्वला होकर शुद्ध होती है और नदी प्रवाहित होने से शुद्ध होती है।

४. भ्रमन् सम्पूज्यते राजा भ्रमन् सम्पूज्यते द्विजः।
भ्रमन सम्पूज्यते योगी स्त्री भ्रमन्ती विनश्यति।

जे राजा घूमता रहता है, उसकी पूजा होती है; जो ब्राह्मण घूमता है, उसकी पूजा होती है; जो योगी घूमता है उसकी पूजा होती है, किन्तु घूमने वाली स्त्री नष्ट हो जाती है।

५. तादृशी जायेते बुद्धिः व्यवसायो अनि तादृशः।
सहायाः तादृशा एव यादृशी भवितव्यता।

मनुष्य जैसा भाग्य लेकर जन्म लेता है; उसकी बुद्धि के उसी अनुसार विचरण करती है। वह काम–धन्धा भी वैसी ही चुनता है और उसके सहायक भी वैसे ही होते हैं।

६. कालः वचति भूतानि कालः संहरते प्रजाः।
कालः सुप्तेषु जागर्ति कालो हि दुरतिक्रमः।

समय सबको नष्ट कर देता है; काल ही मृत्यु का कारण होता है; हमारे सोये रहने पर भी काल जगा रहता है; काल से पार पाना असम्भव है।

७. न च पश्यति च जन्मान्धः कामान्धो नैव पश्यति।
न पश्यति मदोन्मत्तो ह्यर्थी दोषां न पश्यति।

जन्म से अन्धे को कुछ दिखायी नहीं देता; काम से अन्धे को कुछ दिखायी नहीं देता; मद से चूर को कुछ दिखायी नहीं देता और स्वार्थ से अन्धे को भी कुछ भी नहीं दिखायी देता।

८. स्वयं कर्म करोत्य आत्मा स्वयं तत् फलं अश्नुते।
स्वयं भ्रमति संसारे स्वयं तस्माद् अवमुच्यते।

व्यक्ति स्वयं कार्य करता है; स्वयं उसका फल भोगता है; विभिन्न योनियों में भ्रमण करता रहता है और स्वयं ही मुक्ति प्राप्त करता है।

९. राजा राष्ट्रकृतं पापं राज्ञः पापं पुरोहितः।
भर्ता च स्त्रीकृतं पापं शिष्यपापं गुरुः-तथा।

राजा को राष्ट्र के पाप भोगने पड़ते हैं; राजा का पाप पुरोहित भोगता है; पत्नी के पाप पति को भोगने पड़ते हैं और शिष्य का पाप गुरु भोगता है।

१०. ऋणकर्ता पिता शत्रुः माता च व्यभिचारिणी।
भार्या रूपवती शत्रुः पुत्रः शत्रुः अपण्डितः।

संतान पर ऋण छोड़ने वाला पिता शत्रु होता है; व्यभिचारिणी माता शत्रु होती है; रूपवती पत्नी शत्रु होती है और मूर्ख पुत्र शत्रु होता है।

११. लुब्धं अर्थेन गृहणीयात् स्तब्धं अंजलि-कर्मणा।
मूर्ख छन्दानुरोधेन यथार्थ त्वेन पण्डितम्।

लोभी व्यक्ति को धन देकर; अभिमानी व्यक्ति को हाथ जोड़कर; उसकी इच्छा के अनुसार कार्य करके मूर्ख को और विद्वान् को सच्ची बात बताकर वश में किया जाता है।

१२. वरं न राज्यं न कुराजराज्यं वरं न मित्रं न कुमित्र-मित्रम्।
वरं न शिष्यो न कुशिष्य शिष्यो वरं न दारा न कुदारदाराः।

कुशासन से किसी प्रकार का शासन का न होना अच्छा है; दुष्ट मित्र से बिना मित्र का रहना अच्छा है; दुष्ट पत्नी से पत्नी का न होना अच्छा है; और दुष्ट शिष्य से अच्छा है किसी शिष्य का न होना।

१३. कुराजराज्येन कुतः प्रजासुखं कुमित्रमित्रेण कुतो अस्ति निवृतिः।
कुदार दाराः च कुतो गृहे रतिः कुशिष्यं अध्यापतः कुतो यशः।

दुष्ट राजा के शासन में सुख नहीं मिलता; धोखेबाज मित्र से सुख नहीं मिलता; दुष्ट शिष्य से सिद्धि–प्रसिद्धि नहीं मिलती और दुष्ट स्त्री के पत्नी होने से सुख–शान्ति नहीं मिलती।

१४. सिंहाद् एकं बकाद् एकं शिक्षे चत्वारि कुक्कुटात्।
वायसात् पंच शिक्षेत च षट् शुनः त्रीणि गर्दभात्।

मनुष्य को शेर और बगुले से एक–एक गुण सीखना चाहिए; मुर्गे से चार गुण; कौवे से पाँच गुण; कुत्ते से छः गुण और गधे से तीन गुण सीखे जा सकते हैं।

१५. प्रभूतं कार्यं अल्पं वा यन्नरः कर्तुं इच्छति।
सर्व आरम्भेन तत्कार्यं सिंहाद एकं प्रचक्षते।

जो भी छोटा या बड़ा कार्य किया जाये, उसे आरम्भ में पूरी शक्ति लगाकर किया जाये। यह हम शेर से सीख सकते हैं।

१६. इन्द्रियाणि च संयम्य बकवत् पण्डितो नरः।
देश-काल-बलं ज्ञात्वा सर्वकार्याणि साधयेत्।

बुद्धिमान व्यक्ति को अपनी इन्द्रियों को वश में करके समय के अनुरूप बगुले के समान अपने कार्य को पूरा करना चाहिए।

१७. प्रत्युथानं च युद्धं च संविभागं च बन्धुषु।
स्वयं आक्रम्य भुक्तं च शिक्षे चत्वारि कुक्कुटात्।

समय पर उठना; युद्ध के लिए सदा तैयार रहना; अपने बन्धुओं को उचित हिस्सा देना और स्वयं आक्रमण करके भोजन करना; मनुष्य को ये चार बातें मुर्गे से सीखनी चाहिए।

१८. गूढ मैथुनचारित्वं काले काले च संग्रहम्।
अप्रमत्तं अविश्वासं पंच शिक्षेत वायसात्।

छिपकर मैथुन करना; ढीठ होना; समय–समय पर कुछ वस्तुएँ एकत्रित करना; निरन्तर सावधान रहना और किसी दूसरे पर पूरी तरह विश्वास न करना; इन पाँच बातों को कौवे से सीखनी चाहिए।

१९. बह्वासी स्वल्पसन्तुष्टः सुनिद्रो लघु चेतनः।
स्वामिभक्तः च शूरः च षड् ऐते श्वानतो गुणाः।

मिलने पर बहुत खाना और न मिलने पर सन्तोष करना; गहरी नींद लेना और हल्के आहट पर जग जाना; स्वामिभक्त होना और लड़ने के लिए सदा तैयार रहना; ये पाँच बातें कुत्ते से सीखनी चाहिए।

२०. सुश्रान्तो ही वहेद् भारं शीत-उष्ण न च पश्यति।
सन्तुष्टः-चरते नित्यं त्रीणि शिक्षेच्च गर्दभात्।

थके होने पर भी अपने स्वामी के लिए बोझ ढोता रहता है; गरमी–सरदी नहीं देखता; सन्तुष्ट होकर प्रतिदिन विचरण करना, ये तीन बातें गदहे से सीखनी चाहिए।

२१. य एतान विंशति गुणान आचरिष्यति मानवः।
कार्य अवस्थासु सर्वासु अजेयः स भविष्यति।

जो व्यक्ति इन बीस गुणों को अपने आचरण में उतार लेता है, उसे हर कार्य में सदा विजय मिलती है।

7

अध्याय सात

१. अर्थनाशं मनः तापं गृहे दुश्चरितानि च।
वंचनं च अपमानं च मतिमान् न प्रकाशयेत्।

एक व्यक्ति को चाहिए कि अपने धन के नष्ट होने को; हृदय की पीड़ा को; घर के दोष को; किसी के द्वारा ठगे जाने की और अपने अपमान की बात को किसी से न बतावे।

२. धन-धान्य प्रयोगेषु विद्या संग्रहणेषु च।
आहारे व्यवहारे च त्यक्त लज्जः सुखी भवेत्।

जो व्यक्ति धन–धान्य के लेन–देन में, विद्या सीखने या कार्य–कुशलता बढ़ाने में, भोजन के समय अथवा व्यवहार में लज्जा नहीं करता, वह सुखी रहता है।

३. सन्तोष अमृत तृप्तानां यत्सुखं शान्तचेतसाम्।
न च तद् धन लुब्धानां इतः चेतः च धावताम्।

जो व्यक्ति सन्तोष रूपी अमृत से तृप्त है; मन से शान्त है; उसे जो सुख होता है, वह धन के लालच में, उसकी प्राप्ति के लिए हर समय दौड़–धूप करने वाले को प्राप्त नहीं हो सकता।

४. सन्तोषस्त्रिषु कर्तव्यः स्वदारे भोजने धने।
त्रिषु चैव न कर्तव्यो अध्ययने तप-दानयो।

पत्नी जो भी हो, भोजन जैसा भी मिले और धन जितना प्राप्त हो, उनसे ही व्यक्ति को सदा सन्तोष करना चाहिए, किन्तु किये गये अध्ययन, तप और दान से कभी भी सन्तुष्ट नहीं होना चाहिए।

५. विप्रयोः विप्र वह्नयोः च दम्पतयोःस्वामि भृत्ययोः।
अन्तरेण न गन्तव्यं हलस्य वृषभस्य च।

दो ब्राह्मणों के बीच से; ब्राह्मण और अग्नि के बीच से; पति–पत्नी के बीच से; मालिक और सेवक के बीच से तथा हल और बैल के बीच से नहीं निकलना चाहिए।

६. पादाभ्यां न स्पृशेद अग्निं गुरुं ब्राह्मणेव च।
नैव गां न कुमारी च न वृद्धं न शिशुं तथा।

अग्नि, गुरु, ब्राह्मण, गाय, कुँवारी कन्या, वृद्ध और शिशु को पाँव से नहीं छूना चाहिए।

७. शकटं पंच हस्तेन दशहस्तेन वाजिनम्।
गजं हस्त सहस्रेण देश त्यागेन दुर्जनम्।

बैलगाड़ी से पाँच हाथ; घोड़े से दस हाथ; हाथी से हजार हाथ दूर रहना चाहिए और दुष्ट से बचने के लिए स्थान भी त्याग देना चाहिए।

८. हस्ती अंकुशमात्रेण बाजी हस्तेन ताड्यते।
श्रृंगी लगुडहस्तेन खंगहस्तेन दुर्जनः।

हाथी को अुकुश से, घोड़े को चाबुक से, सींगवाले जानवरों को हाथ की लाठी से और दुष्ट को हाथ की तलवार से सम्भाला जाता है।

९. तुष्यन्ति भोजने विप्रा मयूरा घनगर्जिते।
साधवः परसम्पत्तौ खलः पर विपत्तिषु।

ब्राह्मण भोजन से तृप्त होता है; मोर बादल के गरजने से; साधु दूसरे की सम्पति से और दुष्ट दूसरे की विपत्ति से प्रसन्न होता है।

१०. अनुलोमेन बलिनं प्रतिलोमेन दुर्जनम्।
आत्मतुल्यबलं शत्रुं विनयेन बलेन वा।

बलवान को उसके अनुकूल व्यवहार करके, दुष्ट का विरोध करके और अपने समान बलशाली को विनय से वश में किया जाता है।

११. बाहुवीर्यं बलो राज्ञो ब्राह्मणो ब्रह्मविद् बली।
रूप-यौवनं-माधुर्यं स्त्रीणां बलं-उत्तमम्।

बाहुबल यानी सैन्यबल से राजा बली होता है; ब्राह्मण का बल उसका ज्ञान है; स्त्रियों का बल रूप और यौवन के साथ माधुर्य है।

१२. नात्यन्तं सरलै-भाव्यं गत्वा पश्य वनस्थलीम्।
छिद्यन्ते सरलाः तत्र कुब्जाः तिष्ठन्ति पादपाः।

मनुष्य को अत्यन्त सरल और सीधा नही होना चाहिए। वन में जाकर देखा जा सकता है कि सीधे वृक्ष काट दिये जाते हैं और टेढ़े–मेढ़े खड़े रहते हैं।

१३. यत्रोदकं तत्र वसन्ति हंसाः तथैव शुष्कं परिवर्जयन्ति।
न हंसतुल्येन नरेण भाव्यं पुनः त्यजन्ते पुनः आश्रयन्ते।

जहाँ जल रहता है, वहाँ हंस रहते हैं। जब जल सूख जाता है, तब उस स्थान को हंस त्याग देते हैं। मनुष्य को हंस की तरह नही होना चाहिए, क्योंकि जिसका आश्रय छोड़ा जाता है, उसी का आश्रय लेना पड़ सकता है।

१४. उपार्जितानां वित्तानां त्याग एव हि रक्षणम्।
तडाग उदर संस्थानां परीवाह इवा अम्भसाम्।

कमाए हुए धन का त्याग करना, उसका सही ढंग से व्यय करना, उससे लाभ उठाना ही

उसकी रक्षा है, जैसे कि तालाब से जल निकालते रहने पर ही उसका जल शुद्ध रहता है।

१५. *यस्य अर्थाः तस्य मित्राणि यस्य अर्थाः तस्य बान्धवाः।*
यस्य अर्थाः स पुमाँल्लोके यस्य अर्थाः स च जीवति।

जिसके पास धन है, उसी के पास मित्र हैं, बन्धु–बान्धव हैं, वही श्रेष्ठ है और वही जीवित रहता है।

१६. *स्वर्ग स्थितानां इह जीवलोके चत्वारि चिह्नानि वसन्ति देहे।*
दान-प्रसंगो मधुरा च वाणी देव अर्चनं ब्राह्मणतर्पणं च।

स्वर्ग से इस धरा पर आने वाले जीव में चार प्रमुख गुण होते हैं : दान देना, मधुर बोलना, ब्राह्मण की सेवा और देव–अर्चना।

१७. *अत्यन्त कोपः कटुका च वाणी दरिद्रता च स्वजनेषु वैरम्।*
नीचप्रसंगः कुलहीन सेवा चिह्नानि देहे नरकस्थितानाम्।

नरक से इस धरा पर आनेवाले के देह में चार प्रमुख अवगुण होते हैं : अत्यन्त क्रोध; कड़वी बोली; निर्धनता; अपनों से द्वेष; नीच की संगति और नीच की सेवा।

१८. *गम्यते यदि मृगेन्द्र मन्दिरं लभ्यते करिकपोलमौक्तिकम्।*
जम्बुकालयगते च प्राप्यते वत्सपुच्छखरचर्मखण्डनम्।

सिंह की गुफा में जाने से हाथी के सिर का मोती मिल सकता है, किन्तु गीदड़ की गुफा में जाने से पूँछ के या चमड़े के टुकड़े ही मिलेंगे।

१९. *शुनः पुच्छं इव व्यर्थं जीवितं। विद्यया विना।*
न गुह्य गोपने शक्तं न च दंशनिवारणे।

विद्या के बिना मानव–जीवन कुत्ते की पूँछ के समान है, जिससे न वह अपने गुप्त अंग ढक सकता है और न मच्छरों को उड़ा सकता है।

२०. *वाचां शौचं च मनसः शौचं इन्द्रिय निग्रहः।*
सर्वभूते दया शौचं एतः शौचं परा अर्थिनाम्।

वाणी की पवित्रता, मन की शुद्धि, इन्द्रियों का संयम, प्राणिमात्र पर दया, धन की पवित्रता, मोक्ष प्राप्त करने वाले के लक्षण हैं।

२१. *पुष्पे गन्धं तिले तैलं काष्ठे अग्निः पयो घृतम्।*
इक्षौ गुडं तथा देहे पश्यात्मानं विवेकतः।

जैसे फूल में सुगन्ध, तिल में तेल, सूखी लकड़ी में अग्नि, दूध में घी और ईख में गुड़ और मिठास होती है, वैसे ही शरीर में आत्मा और परमात्मा विद्यमान है।

8

अध्याय आठ

१. अधमा धनं इच्छन्ति धनं मानं च मध्यमाः।
उत्तमा मानं इच्छन्ति मानो हि महतां धनम्।

अधम लोग धन की इच्छा करते हैं; मध्य के लोग धन के साथ मान की भी इच्छा करते हैं, किन्तु श्रेष्ठ जन मान की इच्छा करते हैं, क्योंकि मान ही सर्वश्रेष्ठ धन है।

२. इक्षु आपः पयो मूलं ताम्बूलं फलं औषधम्।
भक्षयित्वा अपि कर्तव्याः स्नान-दानादिकाः क्रियाः।

गन्ना, पानी, दूध, कन्दमूल, फल,पान तथा दवाइयों का सेवन करने के बाद भी स्नान और दान, धर्म आदि कार्य किये जा सकते हैं।

३. दीपो भक्षयते ध्वान्तं कज्जलं च प्रसूयते।
यदन्नं भक्ष्येन्नित्यं जायते तादृशी प्रजा।

दीपक अन्धकार को खाता है और उससे काजल निकलता है; ठीक उसी तरह जो जैसा अन्न खाता है, उसकी सन्तान वैसी ही होती है।

४. वित्तं देहि गुणान्वितेषु मतिमन्नान्यत्र देहि क्वचित्।
प्राप्तं वारिनिधिः जलं धनमुखे माधुर्ययुक्तं सदा।

जीवान्स्थावर जंगमांश्च सकलान् संजीव्य भूमण्डलम्।
भूयः पश्य तदेव कोटि गुणितं गच्छन्तम् अम्भोनिधिम्।

बुद्धिमान या अच्छे गुणों से युक्त मनुष्य को ही धन दो, गुणहीनों को धन मत दो। समुद्र का खारा जल मेघ के मीठे जल से मिलकर मीठा हो जाता है और इस धरती पर रहने वाले सारे जड़ चेतन को जीवन देकर पुनः समुद्र में मिल जाता है।

५. चाण्डालानां सहस्रे च सूरिभिः तत्त्व दर्शिभिः।
एको हि यवनः प्रोक्तो न नीचो यवनात् परः।

तत्त्व को जानने वाले विद्वान्ों ने यह कहा है कि हजारों चाण्डालों के समान एक यवन धर्म विरोधी होता है। उससे बढ़कर दूसरा नीच नहीं होता।

६. तैलाभ्यंगे चिताधूमे मैथुने क्षौरकर्मणि।
तावद् भवति चाण्डालो यावत् स्नानं न च आचरेत्।

तेल की मालिश के बाद, चिता के धुएँ के स्पर्श के बाद, सम्भोग करने के बाद और बाल कटवाने के बाद जब तक व्यक्ति स्नान नहीं कर लेता, तब तक चाण्डाल रहता है।

७. अर्जीणे भेषजं वारि जीर्णे वारि बलप्रदम्।
भोजने च अमृतं वारि भोजनान्ते विषप्रदम्।

अपच में जल औषधि है; भोजन के पच जाने के बाद जल शक्ति देता है। भोजन के बीच में जल पीना अमृत के समान है और भोजन के अन्त में जल पीना विष के समान हानिकारक है।

८. हतं ज्ञानं क्रियाहीनं हतः च अज्ञानतो नरः।
हतं अनायकं सैन्यं स्त्रियो नष्टा ह्यभर्तृकाः।

आचरण के बिना ज्ञान व्यर्थ है। अज्ञान से मनुष्य नष्ट हो जाता है। सेनापति के अभाव में सेना नष्ट हो जाती है। पति के न होने से स्त्रियाँ नष्ट हो जाती हैं।

९. वृद्धकाले मृता भार्या बन्धुहस्ते गतं धनम्।
भोजनं च पराधीनं तिस्रः पुंसां विडम्बनाः।

बुढ़ापे में पत्नी की मृत्यु; धन का भाई–बन्धुओं के हाथ में चले जाना; दूसरों के अधीन भोजन : ये तीनों ही बातें मृत्यु की तरह दुःखदायी हैं।

१०. अग्निहोत्रं विना वेदा न च दानं विना क्रिया।
न भावेन विना सिद्धिः तस्माद् भावो हि कारणम्।

अग्निहोत्र के बिना अध्ययन व्यर्थ है तथा दान के बिना यज्ञ आदि कर्म व्यर्थ हैं। श्रद्धा और भक्ति के बिना सिद्धि प्राप्त नहीं होती। यह श्रद्धा का भाव ही सिद्धि और सफलता का कारण है।

११. काष्ठपाषाणधातुनां कृत्वा भावेन सेवनम्।
श्रद्धया च तया सिद्धः तस्य विष्णुः प्रसीदति।

लकड़ी, पत्थर या धातु पर श्रद्धा भाव से ही कार्य करना चाहिए। वैसी श्रद्धा रखने वाले पर ही विष्णु प्रसन्न होते हैं और सिद्धि मिलती है।

१२. न देवो विद्यते काष्ठे न पाषाणे न मृण्मये।
भावे ही विद्यते देवः तस्माद् भावो ही कारणम्।

मिट्टी, काठ या पत्थर में देवता नहीं होते। देवता उस श्रद्धा भाव में होते हैं, जिसके कारण इनकी पूजा होती है।

१३. शान्तितुल्यं तपो नास्ति न सन्तोष परं सुखम्।
न तृष्णाया परो व्याधिः न च धर्मो दयापरः।

शान्ति से बढ़कर कोई तप नहीं; सन्तोष से बढ़कर सुख नहीं; लोभ से बढ़कर व्याधि नहीं और दया से बड़ा कोई धर्म नहीं।

१४. क्रोधो वैवस्वतो राजा तृष्णा वैतरणी नदी।
विद्या कामदुधा धेनुः सन्तोषो नन्दनं वनम्।

क्रोध यमराज के समान है; तृष्णा वैतरणी नदी है; विद्या कामधेनु है और सन्तोष ही नन्दन वन है।

१५. गुणो भूषयते रूपं शीलं भूषयते कुलम्।
सिद्धिः भूषयते विद्यां भोगो भूषयते धनम्।

गुण सौन्दर्य में वृद्धि कर देते हैं; शील से कुल की शोभा होती है; सफलता से विद्या की शोभा होती है और धन के सही उपयोग से धन की पूजा होती है।

१६. निगुर्णस्य हतं रूपं दुःशीलस्य हतं कुलम्।
असिद्धस्य हता विद्या ह्यभोगेन हतं धनम्।

गुणहीन की सुन्दरता व्यर्थ है; शीलहीन के कारण कुल का नाम नहीं रहता; असफलता से विद्या समाप्त होती है और उपयोग न हीं होने से धन नष्ट हो जाता है।

१७. शुचिः भूमिगतं तोयं शुद्धा नारी पतिव्रता।
शुचिः क्षेमकरो राजा सन्तुष्टो ब्राह्मणः शुचिः।

भूमि के अन्दर का जल शुद्ध होता है; पतिव्रता स्त्री शुद्ध होती है; क्षमाशील राजा शुद्ध होता है और सन्तोषी ब्राह्मण शुद्ध होते हैं।

१८. असन्तुष्टा द्विजा नष्टाः सन्तुष्टाः च महीभृतः।
सलज्जा गणिका नष्टा निर्लज्जाः च कुलांगना।

असन्तुष्ट ब्राह्मण नष्ट हो जाता है; सन्तुष्ट राजा समाप्त हो जाता है; लज्जा करने वाली वेश्या और निर्लज्ज कुलवधू भी नष्ट हो जाती हैं।

१९. किं कुलेन विशालेन विद्याहीनेन देहिनाम्।
दुष्कुलं च अपि विदुषो देवैः अपि सुपूज्यते।

विशाल अच्छे कुल का कोई महत्त्व नहीं है अगर विद्या नहीं है। दुष्ट कुल का व्यक्ति अगर विद्वान् है, तब देवता भी उसकी पूजा करते हैं।

२०. विद्वान् प्रशस्यते लोके विद्वान् गच्छति गौरवम्।
विद्यया लभते सर्वं विद्या सर्वत्र पूज्यते।

इस संसार में विद्वान् की सर्वत्र प्रशंसा होती है; आदर सम्मान मिलता है और उसे सब कुछ प्राप्त हो जाता है। विद्या की सभी जगह पूजा होती है।

२१. *माँसभक्षैः सुरापानैः मूर्खैः च अक्षर वर्जितैः।*
पशुभिः पुरुष आकारैः भार आक्रान्ता च मेदिनी।

माँस खाने वाले, शराब पीने वाले, मूर्ख और निरक्षर मनुष्य रूपी पशुओं से सदा दबी यह पृथ्वी पीड़ित रहती है।

२२. *अन्नहीनो दहेद् राष्ट्रं मन्त्रहीनः-च ऋत्विजः।*
यजमानं दानहीनो नास्ति यज्ञसमो रिपुः।

जो देश को अन्नहीन करता हो; जिसमें मन्त्रों को न जानने वाले 'होता' (यज्ञ कर्ता) हों; जिसके यजमान में दान की भावना न हो, ऐसा यज्ञ शत्रु के समान है।

9

अध्याय नौ

१. मुक्तिं इच्छसि चेत्तात विषयान विषवत् त्यज।
क्षमा आर्जव दया शौचं सत्यं पीयूषवद् पिब।

जो मुक्ति चाहता है वह व्यसनों और गलत आदतों को विष समझकर त्याग दे और क्षमा, दया, सहनशीलता को अमृत समझकर ग्रहण करे।

२. परस्परस्य मर्माणि ये भाषन्ते नराधमाः।
त एव विलयं यानीत वल्मीकोदर सर्पवत्।

जो लोग एक–दूसरे के भेदों को प्रकट करते हैं, उसके लिए कठोर भाषा का प्रयोग करते हैं, वे उसी प्रकार नष्ट हो जाते हैं जैसे चींटी की बाँबी में फँसकर साँप नष्ट हो जाता है।

३. गन्धः सुवर्णे फलं इच्छु दण्डे न आकारि पुष्पं खलु चन्दनस्य।
विद्वान् धनाढ्यः च नृपः चिरायुः धातुः पुरा कोऽपि न बुद्धिदोऽभूत्।

ब्रह्मा ने सोने में सुगन्ध और ईख के पौधे में फल उत्पन्न नहीं किये। निश्चय ही चन्दन के वृक्ष में फूल नहीं होते और विद्वान् को अधिक धन नहीं मिलता। राजा को लम्बी आयु नहीं मिलती। इसलिए लगता है कि तब उन्हें बुद्धि देनेवाला कोई उत्पन्न नहीं हुआ था।

४. सर्व औषधीनाम अमृता प्रधाना सर्वेषु सौख्येष्वशनं प्रधानम्।
सर्वे इन्द्रियाणां नयनं प्रधानं सर्वेषु गात्रेषु शिरः प्रधानम्।

सभी प्रकार की औषधियों में अमृत सबसे प्रधान औषधि है। सुख देने वाले साधनों में भोजन सबसे प्रमुख है। मनुष्य की सभी इन्द्रियों में आँखें सबसे प्रधान और श्रेष्ठ हैं। शरीर के सभी अंगों में सिर सर्वश्रेष्ठ है।

५. दूतो न संचरति खे न चलेच्च वार्ता
पूर्वं न जल्पितं इदं न च संगमो अस्ति।
व्योम्नि स्थितं रविशशिग्रहणं प्रशस्तं
जनाति यो द्विजवरः स कथं न विद्वान्।

आकाश में दूत आते–जाते नहीं; वहाँ से किसी से बातचीत भी नहीं; फिर जिस ब्राह्मण ने आकाश के सूर्य और चन्द्र के ग्रहण की बात बतायी उसे विद्वान् क्यों न माना जाये?

६. विद्यार्थी सेवकः पान्थः क्षुधाऽऽर्तो भयकातरः।
भाण्डारी प्रतिहारी च सप्त सुप्तान् प्रबोधयेत्।

विद्यार्थी, सेवक, पथिक, यात्री, भूख से पीड़ित, भयभीत, भण्डारपाल या द्वारपाल आदि सात अगर सो रहे हों, तब उन्हें जगा दें।

७. अहिं नृपः च शार्दूलं किटिं च बालकं तथा।
पर श्वानं च मूर्खं च सप्त सुप्तान न बोधयेत्।

साँप, राजा, बाघ, बर्रे, बच्चा, दूसरे के कुत्ते और मूर्ख व्यक्ति आदि सात को सोते से नहीं जगाना चाहिए।

८. अर्थ आधीताः ये वेदास्तथा शूद्र अन्न भोजिनाः।
ते द्विजाः किं करिष्यन्ति निविषा इव पन्नगाः।

जो धन की प्राप्ति की आशा में वेदों का अध्ययन करते हैं; जो नीच मनुष्यों का अन्न खाते हैं; वे विषहीन सर्प के समान कुछ भी करने में असमर्थ होते हैं।

९. यस्मिन् रुष्टे भयं नास्ति तुष्टे नैव धन आगमः।
निग्रहो अनुग्रहो नास्ति स रुष्टं किं करिष्यति।

जिसके नाराज होने पर कोई भय न हो और प्रसन्न होने पर कुछ प्राप्ति की आशा न हो; जो न दण्ड दे सके न किसी प्रकार की दया दिखा सके, वह किसी का कुछ नहीं बिगाड़ता।

१०. निर्विशेषण अपि सर्पेण कर्तव्या महती फणा।
विषमस्तु न चाप्यस्तु फणाटोपो भयंकरः।

विषहीन साँप को भी अपना फन फैलाना चाहिए क्योंकि कोई यह नहीं जानता कि उसमें विष है या नहीं। हाँ, उसके इस आडम्बर से लोग भयभीत अवश्य हो जायेंगे।

११. प्रातः द्यूत प्रसंगेन मध्याह्ने स्त्रीप्रसंगतः।
रात्रौ चौर्य प्रसंगेन कालो गच्छत्य-धीमताम्।

मूर्ख अपनी सुबह जुआ खेलने में, दिन स्त्री में और रात्रि चोरी में गँवाते हैं।

१२. स्वहस्तग्रथिता माला स्वहस्ताद घृष्टचन्दनम्।
स्वहस्तलिखितं स्तोत्रं शक्रस्यापि श्रियं हरेत्।

अपने ही हाथ से गूँथी हुई माला; अपने हाथ से घिसा हुआ चन्दन; और अपने ही हाथ से लिखी हुई स्तुति से मनुष्य इन्द्र की धन–सम्पति को वश में कर लेता है।

१३. *इक्षुदण्डाः तिलाः क्षुद्राः कान्ता हेम च मेदनी।*
चन्दन दधि ताम्बूलु मर्दनं गुणवर्द्धनम्।

ईख, तिल, छोटे आदमी, स्त्री, सोना, भूमि, चन्दन, दही और पान को जितना ही मला जायेगा, उतना ही इनके गुण बढ़ते हैं।

१४. *दरिद्रता धीरतया विराजते कुवस्त्रा शुभ्रतया विराजते।*
कुदन्नता चोष्णतया विराजते कुरूपता शीलतया विराजते।

दरिद्र अवस्था में धैर्य से निर्धनता कष्ट नहीं देती। साधारण वस्त्र को साफ रखा जाये, तब वह भी ठीक लगता है। सामान्य भोजन भी ताजा और गरम खाने से पौष्टिक हो जाता है। सुशीलता आदि गुण होने से कुरूपता भी भली लगती है।

अध्याय दस

१. धनहीनो न हीनश्च धनिकः स सुनिश्चयः।
विद्यारत्नेन यो हीनः स हीनः सर्ववस्तुषु।

धन से हीन व्यक्ति गरीब नहीं होता, जबकि विद्या के बिना धनवान भी हीन लगता है। निश्चित रूप से वह धन से सम्पन्न होता है, जिसके पास विद्यारूपी धन होता है। किन्तु जिसके पास विद्यारूपी रत्न नहीं है, वह सब तरह से हीन है।

२. दृष्टिपूतं न्यसेत् पादं वस्त्रपूतं पिबेज्जलम्।
शास्त्रपूतं वदेद् वाक्यं मनः पूतं समाचरेत्।

भली प्रकार देखकर आगे पाँव बढ़ाना चाहिए; कपड़े से छानकर जल पीना चाहिए; शास्त्र के अनुसार बात कहनी चाहिए और सोच–समझकर कोई काम मन से करना चाहिए।

३. सुखार्थी चेत् त्यजेत् विद्या विद्यार्थी चेत् त्यजेत-सुखम्।
सुखार्थिनः कुतो विद्या कुतो विद्यार्थिनः सुखम्।

यदि सुख की इच्छा हो, तब विद्याप्राप्ति का विचार त्याग देना चाहिए। यदि विद्या की इच्छा हो तब सुख का विचार त्याग देना चाहिए। सुख चाहनेवाले को विद्या नहीं मिलती। विद्या चाहनेवाले को सुख नहीं मिलता।

४. कवयः किं न पश्यन्ति किं न कुर्वन्ति योषितः।
मद्यपाः किं न जल्पन्ति किं न खादान्ति वायसाः।

कवि अपनी कल्पना से सब कुछ देख सकते हैं और स्त्रियाँ कुछ भी कर सकती हैं। नशे में व्यक्ति कुछ भी बोल सकता है और कौवा कुछ भी खा सकता है।

५. रंकं करोति राजानं राजनं रंकमेव च।
धनिनं निर्धनं चैव निर्धनं धनिनं विधिः।

भाग्य निर्धन को राजा और राजा को रंक बना देता है। धनी निर्धन हो जाता है और निर्धन धनी हो जाता है।

६. लुब्धानां याचकः शत्रुः मूर्खाणां बोधकः रिपुः।
जारस्त्रीणां पतिः शत्रुः चोराणां चन्द्रमा रिपुः।

लोभी मनुष्य का शत्रु माँगने वाला होता है; मूर्खों का शत्रु उन्हें ज्ञान कराने वाला होता है। व्यभिचारिणी स्त्रियों का शत्रु उनका पति होता है और चोरों का शत्रु चन्द्रमा होता है।

७. येषां न विद्या न तपो न दानं चापि शीलं न गुणो न धर्मः।
ते मर्त्यलोके भुवि भारभूता मनुष्यरूपेण मृगाः चरन्ति।

जिनके पास न विद्या है, न उन्होंने तप किया है; न उनमें दान की प्रवृत्ति है न ज्ञान है; जिनमें न दया और विनम्रता है न अन्य गुण हैं और न धर्माचरण है; ऐसे व्यक्ति धरती पर बोझ हैं। वे मनुष्य रूप में मृग पशु के समान हैं।

८. अन्तःसारविहीनानांउपदेशो न जायेते।
मलयाचलसंसर्गात् न वेणुः चन्दनायते।

जिन व्यक्तियों के पास कोई आन्तरिक योग्यता नहीं, उन्हें किसी प्रकार का उपदेश देना व्यर्थ होता है। मलयाचल पर्वत का संसर्ग हो जाने पर भी बाँस में चन्दन की सुगन्ध नहीं आती।

९. यस्य नास्ति स्वयं प्रज्ञा शास्त्रं तस्य करोति किम्।
लोचनाभ्यां विहीनस्य दर्पणः किं करिष्यति।

जिस व्यक्ति के पास अपनी बुद्धि नहीं उसका कल्याण शास्त्र आदि नहीं कर सकते, उसके लिए सभी शास्त्र व्यर्थ हैं, जैसे आँखों से हीन व्यक्ति के लिए दर्पण व्यर्थ है।

१०. दुर्जनं सज्जनं कर्तुमपायो न हि भूतले।
अपानं शतधा धौतं न श्रेष्ठं इन्द्रियं भवेत्।

इस संसार में कोई ऐसा उपाय नहीं है कि दुर्जन व्यक्ति को सज्जन बनाया जाये; ठीक उसी तरह जैसे सैकड़ों बार धोने पर भी गुदा को श्रेष्ठ अंग नहीं बनाया जा सकता।

११. आत्मद्वेषाद् भवेत् मृत्युः परद्वेषाद् धनक्षयः।
राजद्वेषाद् भवेत् नाशो ब्रह्मद्वेषात् कुलक्षयः।

जो व्यक्ति अपने से द्वेष रखता है, उसकी मृत्यु हो जाती है। दूसरों से द्वेष रखने से धन नाश होता है। राजा से द्वेष रखने पर विनाश हो जाता है और ब्राह्मण से वैर रखने पर कुल ही नष्ट हो जाता है।

१२. वरं वनं व्याघ्र-गजेन्द्र-सेवितं द्रुमालयें पत्रफलाम्बु-सेवनम्।
तृणेषु शैया शतजीर्णवल्कलं न बन्धुमध्ये धनहीन जीवनम्।

भले ही मनुष्य सिंह और बाघ से भरे वन में निवास कर पत्ते–फल आदि खाकर, घास पर सोकर और फटे–पुराने छाल पहनकर गुजारा कर ले, मगर अपने भाई–बन्धुओं में दरिद्र बनकर न रहे।

१३. विप्रो वृक्षः तस्य मूलं च सन्ध्या वेदाः शाखा धर्मकर्माणि पत्रम्।
तस्मान्मूलं यत्नतो रक्षणीयं छिन्ने मूले नैव शाखा न पत्रम्।

ब्राह्मण एक वृक्ष के समान है और उपासना–आराधना उसकी जड़ हैं। धर्म–कर्म उसके पत्ते हैं। इसलिए यत्नपूर्वक जड़ की रक्षा करनी चाहिए, क्योंकि जड़ के नष्ट हो जाने पर न शाखाएँ रहेंगी, न पत्ते।

१४. माता च कमला देवी पिता देवो जर्नादनः।
बान्धवा विष्णुभक्ताः च स्वदेशो भुवनत्रयम्।

लक्ष्मी जिसकी माता है और पिता सर्वव्यापक परमेश्वर तथा प्रभु के भक्त भाई–बन्धु हैं। ऐसे व्यक्ति को अपने घर बैठे ही तीनों लोकों की प्राप्ति हो जाती है।

१५. एकवृक्षासमारूढ़ा नानावर्णा विहंगमाः।
प्रभाते दिक्षु दशसु का तत्र परिवेदना।

रात्रि में अनेक रंग–रूपवाले पक्षी एक वृक्ष पर आकर बैठते हैं। प्रातःकाल वे सभी दिशाओं में उड़ जाते हैं। इस बात में शोक करने की आवश्यकता नहीं।

१६. बुद्धिः यस्य बलं तस्य निर्बुद्धेः तु कुतो बलम्।
वने सिंहे मदोन्मतो शशकेन निपातितः।

जिसके पास बुद्धि होती है, उसके पास बल होता है। बुद्धिहीन को क्या बल? जंगल में उन्मत रहने वाले शेर को एक खरगोश ने कुएँ में गिराकर मार डाला।

१७. का चिन्ता मम जीवने यदि हरिः विश्वम्भरो गीयते
नो चेदर्भकजीवनाय जननीस्तन्यं कथं निःसरेत्।
इत्यालोच्य मुहुर्मुहुर्यदुपते लक्ष्मीपते केवलं
त्वत्पादाम्बुज सेवनेन सततं कालो मया नीयते।

जब भगवान विष्णु हैं, तब मुझे अपने जीवन की क्या चिन्ता है? अगर वे सहाय न होते तब बच्चे के जन्म के पूर्व से ही माता के स्तनों में दूध कहाँ से आ जाता है? बार–बार इसी तरह का विचार करके लक्ष्मीपति के पावन चरणों का सेवन करना चाहिए।

१८. गीर्वाणवाणीषु विशिष्टबुद्धिः तथापि भाषान्तरलोलुपोऽहम्।
यथा सुराणां अमृते स्थिते अपि स्वर्ग आंगनानां अधरासवे रुचिः।

संस्कृत के अतिरिक्त मैं दूसरी भाषाओं का भी लोभी हूँ। जैसे कि स्वर्ग में विद्यमान देवताओं को अमृत पीने के बाद भी अप्सराओं के होठों के रस का पान करने की इच्छा रहती है।

१६. अन्नाद्-दशगुणं पिष्टं पिष्टाद् दशगुणं पयः।
दुग्धाद्-अष्टगुणं मासं मांसाद् दशगुणं घृतम्।

अन्न से दस गुणा शक्ति उसके आटे में है; आटे से दस गुणा अधिक शक्ति दूध में है; दूध से आठ गुणा शक्ति माँस में है और माँस से दस गुणा शक्ति घी में है।

२०. शाकेन रोगा वर्द्धन्ते पयसा वर्द्धते तनुः।
घृतेन वर्द्धते वीर्यं माँसान्माँसं प्रवर्द्धते।

साग अधिक खाने से रोग बढ़ते हैं। दूध से शरीर बढ़ता है। घी से वीर्य की वृद्धि होती है। माँस खाने से माँस बढ़ता है।

11

अध्याय ग्यारह

१. दातृत्वं प्रियवक्तृत्वं धीरत्वं उचितज्ञता।
अभ्यासेन न लभ्यन्ते चत्वारः सहजा गुणाः।

मनुष्य में चार स्वाभाविक बातें होती हैं : दान देने की इच्छा; मधुर बोलने की इच्छा; सहनशीलता तथा उचित–अनुचित का ज्ञान। इन्हें अभ्यास से प्राप्त नहीं किया जा सकता।

२. आत्मवर्गं परित्यज्य परवर्गं समाश्रयेत्।
स्वयमेव लयं याति यथा राजा अन्य धर्मतः।

जो व्यक्ति अपने समुदाय को छोड़कर दूसरे समुदाय का सहारा लेता है, वह उसी तरह समाप्त हो जाता है, जैसे दूसरे धर्म का सहारा लेने वाला राजा।

३. हस्ती स्थूल-तनुः स च अंकुशवशः किं हस्तिमात्रो अंकुशो
दीपे प्रज्वलिते प्रणश्यति तमः किं दीपमात्रं तमः।
वज्रेणापि हताः पतन्ति गिरयः किं वज्रमात्रो गिरिम्
तेजो यस्य विराजते स बलवान् स्थूलेषु कः प्रत्ययः।

लम्बे–चौड़े शरीर वाला हाथी एक छोटे अंकुश से वश में किया जाता है। अन्धकार से बहुत छोटा दीपक उसे नष्ट कर देता है। अति लघु हथौड़े की चोट से पर्वत गिर जाते हैं। वस्तु अपने तेज के कारण बलवान होती है; बड़े आकार से नहीं।

४. कलौ दशसहस्राणि हरिः त्यजति मेदिनीम्।
तदर्द्ध जाह्नवीतोयं तदर्द्ध ग्रामदेवताः।

कलयुग के दस हजार वर्ष बीतने के बाद सर्वव्यापक परमात्मा पृथ्वी का त्याग कर देते हैं। उसके आधे समय में गंगा का जल त्याग देता है और उसके आधे में ग्रामदेवता गाँव त्याग देते हैं।

५. गृहासक्तस्य नो विद्या न दया माँसभोजिनः।
द्रव्यलुब्धस्य नो सत्यं स्त्रैणस्य न पवित्रता।

जिसे घर से लगाव होता है, उसे विद्या नहीं मिलती। जो माँस खाता है, उसमें दया

नहीं होती। जो धन के लोभी हैं, उनमें सत्य नहीं होता। जो भोग में लिप्त हैं, उनमें पवित्रता नहीं होती।

६. न दुर्जनः साधुदशांमुपैति बहुप्रकारेरेपि शिक्ष्यमाणः।
आमूलसिक्तः पयसा घृतेन न निम्बवृक्षो मधुरत्वमेति।

जिस प्रकार नीम के वृक्ष को दूध और घी से सींचने पर भी मिठास नहीं आती, उसी प्रकार बहुत तरह से सिखाने पर भी दुष्ट व्यक्ति सज्जन नहीं बनता।

७. अन्तर्गतमलो दुष्टःतीर्थस्नानशतैरपि।
न शुध्यते यथा भाण्डं सुरया दाहितं च यत्।

आग पर जलाने के बाद भी शराब का वर्तन शुद्ध नहीं होता, उसी प्रकार जिस दुष्ट का अन्तःकरण मलों से भरा हुआ है, वह सैकड़ों बार तीर्थस्नान करके भी पवित्र नहीं हो सकता।

८. न वेत्ति यो यस्य गुणप्रकर्षं स तं सदा निन्दति नाऽत्र चित्रम्।
यथा किराती करिकुम्भलब्धां मुक्ताः परित्यज्य बिभर्ति गुंजाम्।

जिसे किसी के गुणों की श्रेष्ठता का ज्ञान नहीं, वह सदा उसकी निन्दा करता रहता है। उसके ऐसा करने से किसी को आश्चर्य नहीं होता, क्योंकि भीलनी हाथी के मस्तक से उत्पन्न मोती को छोड़कर घोंघे की माला पहनती है।

९. ये तु संवत्सरं पूर्णं नित्यं मौनेन भुंजते।
युगकोटिसहस्रं तु पूज्यन्ते स्वर्गविष्टपे।

जो व्यक्ति एक वर्ष तक मौन रहकर चुपचाप भोजन करता है, वह एक करोड़ वर्ष तक स्वर्ग में आदर–सम्मान पाता है।

१०. कामं क्रोधं तथा लोभं स्वादु श्रृंगारकौतुके।
अतिनिद्रा अतिसेवे च विद्यार्थी ह्यष्ट वर्जयेत्।

काम, क्रोध, लोभ, स्वादिष्ट भोजन, श्रृंगार, खेल, तमाशे, अधिक सोना और चापलूसी करना विद्यार्थियों को इन आठों को त्याग देना चाहिए।

११. अकृष्टफलमूलानि वनवासरति सदा।
कुरुते अहरहः श्राद्धं ऋषि विप्रः स उच्यते।

जो बिना खेती की हुई भूमि के फल और कन्दमूल खाकर निर्वाह करता है और सदा जंगल में रहकर ही प्रसन्न रहता है और जो जब–तब श्राद्ध करता है; ऐसा ब्राह्मण ऋषि कहलाता है।

१२. एक आहारेण सन्तुष्टः षट्कर्मनिरतः सदा।
ऋतुकाल अभिगामी स च विप्र द्विज उच्यते।

जो एक आहार से ही सन्तुष्ट रहता है; जो अपने नित्यकर्म सदा पूरा करता है; स्त्री संग केवल सन्तान के लिए करता है; ऐसे ही ब्राह्मण को द्विज कहा जाता है।

१३. लौकिके कर्मणि रतः पशूनां परिपालकः।
वाणिज्यकृषिकर्ता यः स विप्रो वैश्य उच्यते।

जो सदा सांसारिक कार्यों में लगा रहता है; पशुओं का पालन करता है; व्यापार और कृषि का कार्य करता है; ऐसे ब्राह्मण को ही 'वैश्य' कहा जाता है।

१४. लाक्षादितैलनीलानां कुसुम्भमधुसर्पिषाम्।
विक्रेता मद्यमांसानां स विप्र 'शूद्र' उच्यते।

जो वृक्षों से लाख, तेल, नील, कपड़े आदि रंगने का रंग, शहद, घी, शराब, माँस आदि का व्यवसाय करता है; उस ब्राह्मण को 'शूद्र' कहते हैं।

१५. परकार्यविहन्ता च दाम्भिकः स्वार्थसाधकः।
छली द्वेषी मृदुः क्रूरो विप्रो 'मार्जार' उच्यते।

जो दूसरों के कार्य बिगाड़ता है; ढोंगी है; अपना स्वार्थ सिद्ध करने में लगा रहता है; दूसरों को धोखा देता है; द्वेष करता है; विनम्र दिखते हुए भी क्रूर होता है; ऐसा ब्राह्मण ही बिलाव कहा जाता है।

१६. वापीकूपतडागानाम आरामसुरवेश्मनाम्।
उच्छेदने निराशंकः स विप्र 'म्लेक्ष' उच्यते।

जो ब्राह्मण पानी के स्थानों, बावड़ी, कूप, तालाब, बाग–बगीचों को और मन्दिरों को उजाड़ने में भय न करता हो; उसे ही 'म्लेच्छ' कहा जाता है।

१७. देवद्रव्यं गुरुद्रव्यं परदारा अभिमर्षण।
निर्वाहः सर्वभूतेषु विप्र 'चाण्डाल' उच्यते।

जो देवताओं और गुरु के धन को चुरा लेता है; जो दूसरे की स्त्रियों के साथ सहवास करता है; जो सब प्राणियों के साथ जीवन गुजार लेता है; उस ब्राह्मण को 'चाण्डाल' कहा जाता है।

१८. देयं भोज्यधनं सदा सुकृतिभिर्नो संचयस्तस्य वै
श्रीकर्णस्य बलेः च विक्रमपतेः अद्यापि कीर्तिः स्थिता।
अस्माकं मधुदानभोगरहितं नष्टं चिरात् संचितं
निर्वाणादिति नैजपादयुगलं घर्षन्त्याहो मक्षिकाः।

शहद का संग्रह करने में आदर्श मधुमक्खियाँ भी पश्चाताप करती है कि दान न करने से शहद नष्ट हो जाता है। इसी प्रकार कुछ लोग दान नहीं करते और जब धन नष्ट होने लगता है, तब पश्चाताप करते हैं। जबकि कुछ लोग अपने धन का दान करके अच्छा उपयोग करते हैं। दान देने के कारण ही कर्ण, बलि विक्रमादित्य आज तक समाज में जाने जाते हैं।

12

अध्याय बारह

१. सानन्दं सदनं सुतास्तु सुधियः कान्ता प्रियालापिनी
इच्छापूर्तिधनं स्वयोषिति रतिः स्वाआज्ञापराः सेवकाः।
आतिथ्यं शिवपूजनं प्रतिदिनं मिष्टान्नपानं गृहे
साधोः संगम उपासते च सततं धन्यो गृहस्थाश्रमः।

उसी का घर सुखी है, जिसके पुत्र और जिसकी पुत्रियाँ अच्छी बुद्धि से युक्त हैं; जिसकी पत्नी मधुर भाषिणी है; जिसके पास परिश्रम और ईमानदारी से अर्जित धन है; जिसके मित्र अच्छे हों; जिसमें सबके प्रति अनुराग है; नौकर आज्ञापालन करने वाले हों; जिसके घर अतिथि का आदर–सम्मान होता हो; प्रतिदिन कल्याणकारी ईश्वर की उपासना होती हो; अच्छे मीठे भोजन और पेय मिलते हों; जिसे सदा सत्पुरुषों की संगति प्राप्त हो। यही सुखी और प्रशंसनीय गृहस्थ आश्रम है।

२. आर्तेषु विप्रेषु दयानीवतः च यत् श्रद्धया स्वल्पं उपैति दानम्।
अनन्तपारं समुपैति राजन् यद्दीयते तन्न लभेद् द्विजेभ्यः।

दयालुता और करुणा से युक्त होकर कोई व्यक्ति जो कुछ भी किसी दुःखी ब्राह्मण को दान देता है; हे राजन! वह दान देने वाले को उतना ही प्राप्त नहीं होता। ईश्वरीय कृपा से उसमें अत्यधिक वृद्धि हो जाती है।

३. दाक्षिण्यं स्वजने दया परजने शाठ्यं सदा दुर्जने
प्रीतिः साधुजने स्मयः खलजने विद्वज्जने च आर्जवम्।
शौर्यं शत्रुजने क्षमा गुरुजने नारीजने धूर्तता
इत्थं ये पुरुषाः कलासु कुशलाः तेः एव लोकस्थितिः।

बन्धु–बान्धवों से सज्जनता का व्यवहार; दूसरों पर दया; दुर्जनों के प्रति उनके अनुकूल व्यवहार; सज्जन से प्रेम; दुष्टों के प्रति कठोरता; विद्वान्ों के साथ सरलता; वीरों और शत्रुओं के साथ पराक्रम; श्रेष्ठजनों के साथ आदर एवं सहनशीलता और स्त्रियों के प्रति चतुराई से व्यवहार करने वालों के कारण ही लोक व्यवहार चल रहा है।

४. हस्तौ दानविवर्जितौ श्रुतिपुटौ सारस्वतद्रोहिणौ।
नेत्रे साधुविलोकनेन रहिते पादौ न तीर्थं गतौ।

अन्याय अर्जित वित्तपूर्णं उदरं गर्वेण तुंगं शिरो।
रे रे जम्बुक मुंच मुंच सहसा निचं सुनिन्द्यं वपुः।

जिसके दोनों हाथ दान आदि के कार्य में कभी नहीं लगे; कानों ने वेद आदि का श्रवण नहीं किया; नेत्रों से सज्जन पुरुष के दर्शन नहीं किये; पैरों से तीर्थयात्रा नहीं की; माता–पिता तथा आचार्य की कभी सेवा नहीं की; जिसने अन्याय से धन एकत्रित कर अपनी जीविका चलायी; इसपर भी जो अभिमान से सिर ऊँचा कर चलता है; वह नीच लोगों में भी नीच है; उसे शीघ्र ही जीवन त्याग देना चाहिए।

५. पत्रं नैव यदा करीरविटपे देदो वसन्तस्य किं
नोलूकोऽप्य अवलोकते यदि दिवा सूर्यस्य किं दूषणम्।
वर्षा नैव पतन्ति चातकमुखे मेघस्य किं दूषणं
यत्पूर्वं विधिना ललाटलिखितं तन्मार्जितुं कः क्षमः।

यदि करील के पौधे पर पत्ते नहीं आते, तब बसन्त का क्या दोष है? यदि उल्लू को दिन में दिखायी नहीं देता, तब सूर्य का क्या दोष है? यदि चातक के मुख में वर्षा की बूँदें नहीं गिरतीं, तब बादल का क्या दोष है? संसार को बनाने वाले ने जिसके ललाट पर जो लिख दिया वही होगा; उसे मिटाया नहीं जा सकता; उसे भोगना पड़ता है।

६. सत्संगात भवति हि साधुता खलानां साधूनां न हि खलसंगमाते खलत्वम्।
आमोदं कुसुमभवं मृदेव धत्ते मृद्गन्धं न हि कुसुमानि धारयन्ति।

सज्जनों की संगति से दुर्जन भी सज्जन हो सकता है, किन्तु दुर्जनों की संगति से सज्जनों में दुष्टता उसी तरह नहीं आती जैसे फूल से उत्पन्न गन्ध मिट्टी में आ जाती है, किन्तु मिट्टी की गन्ध फूलों में नहीं आती।

७. साधूनां दर्शनं पुण्यं तीर्थभूता हि साधवः।
काले फलन्ति तीर्थानि सद्यः साधुसमागमः।

सज्जन पुरुष के दर्शन से पुण्य की प्राप्ति होती है, क्योंकि सज्जन साक्षात् तीर्थ होते हैं। तीर्थ तो अपने समय पर फल देते हैं, किन्तु सत्संग से तत्क्षण लाभ मिलता है।

८. विप्रास्मिन्नगरे महान् कथय कस्तालद्रुमाणां गणः
को दाता रजको ददाति वसनं प्रातर्गृहित्वा निशि।
को दक्षः परदार वित्त हरणे सर्वे अपि दक्षो जनः
कस्मात् जीवसि हे सखे विषकृमिन्यायेन जीवाम्यहम्।

किसी नगर में पहुँचकर एक यात्री एक ब्राह्मण से पूँछता है।
'हे ब्राह्मण! इस नगर में सबसे महान् कौन है?'
ब्राह्मण ने उत्तर दिया : 'ताड़ के वृक्षों का झुण्ड।'
यात्री फिर पूछता है : 'इस नगर में दाता कौन है?'
ब्राह्मण ने उत्तर दिया : 'धोबी जो सुबह वस्त्र ले जाता है और साफकर शाम को दे देता है।'
यात्री फिर पूछता है : 'इस नगर में चतुर व्यक्ति कौन है?'

ब्राह्मण ने उत्तर दिया : 'दूसरे की स्त्री और दूसरे का धन हरण करने में सभी चतुर हैं।' यात्री फिर पूछता है : 'ऐसी स्थिति में तुम्हारा जीवन कैसे चलता है?' ब्राह्मण ने उत्तर दिया : 'मैं विष में पैदा होने वाले कीड़े के समान हूँ, जो विष में ही उत्पन्न होकर जीता है और उसी में मर जाता है।'

९. विप्र पाद ओदक कर्दमानि न वेदशास्त्रध्वनिगर्जितानि।
स्वाहास्वधाकारविविर्जितानि श्मशानतुल्यानी गृहाणि तानि।

जिन घरों में ब्राह्मण के पाँव धोने से कीचड़ न हुआ; जहाँ वेद और शास्त्रों के पाठ न होते हों; जहाँ स्वाहा और स्वधा की गूँज न सुनायी देती हो; वे घर श्मशान भूमि के समान होते हैं।

१०. सत्यं माता पिता ज्ञानं धर्मो भ्राता दया स्वसा।
शान्तिः पत्नी क्षमा पुत्रः षड्ते मम बान्धवाः।

सत्य ही मेरी माता है; ज्ञान मेरे पिता हैं; धर्म ही मेरा भाई है; दया ही मेरी बहन है; शान्ति मेरी पत्नी है; क्षमा मेरा पुत्र है। यही छः मेरे परिवार के सदस्य और बन्धु–बान्धव हैं।

११. अनित्यानी शरीराणि विभवो नैव शाश्वतः।
नित्यं सन्निहितो मृत्युः कर्तव्योः धर्मसंग्रहः।

यह शरीर नाशवान है; धन सम्पति भी स्थिर नहीं रहती; मृत्यु पास में ही रहती है; इसलिए प्रत्येक व्यक्ति को धर्माचरण में लगे रहना चाहिए।

१२. आमन्त्रण उत्सवा विप्रा गावो नवतृणोत्सवाः।
पति उत्साह युता भायी अहं कृष्ण! रणोत्सुकः।

किसी ब्राह्मण को भोजन का निमन्त्रण मिलना ही उत्सव है। गौओं के लिए हरी घास प्राप्त होना ही उत्सव है ; पति में उत्साह की वृद्धि ही स्त्रियों के लिए उत्सव है और आर्यों के लिए श्रीकृष्ण के चरण में रति ही उत्सव है।

१३. मातृवत् परदारेषु परद्रव्येषु लोष्ठवत्।
आत्मवत् सर्वभूतेषु यः पश्यति स पण्डित।

जो व्यक्ति दूसरे की पत्नी को माता के समान मानता है और दूसरे के धन को मिट्टी के समान तथा सारे प्राणियों को अपने समान देखता है; वस्तुतः वही पण्डित (ज्ञानी या विद्वान) है।

१४. धर्मे तत्परता मुखे मधुरता दाने सम उत्साहता
मित्रे-अवंचकता गुरौ विनयता चित्ते अति गम्भीरता।
आचारे शुचिता गुणे रसिकता शास्त्रेषु विज्ञातृता
रूपे सुन्दरता शिवे भजनता सत्येव संदृश्यते।

धर्म कार्य में सदा तत्पर; वाणी में मधुरता; दान देने हेतु सदैव उत्सुक रहना; मित्र के प्रति भेद–भाव न रखना; गुरु के प्रति विनम्रता; हृदय में गम्भीरता; आचरण में पवित्रता; सुन्दर रूप और प्रभु में भक्ति; ये सब सज्जन पुरुषों में मिलते हैं।

१५. काष्ठं कल्पतरुः सुमेरुः अचलः चिन्तामणिः प्रस्तरः
सूर्यः तीव्रकरः शशी क्षयकरः क्षारो हि वारांनिधिः।
कामो नष्टतनुःबलि-अदितिसुतो नित्यं पशुः काम
गौर्जास्ते तुलयामि भो रघुपते कस्यउपमा दीयते।

सबकी इच्छाओं को पूरा करने वाला कल्पतरु एक लकड़ी है; स्थिर सुमेरु एक पर्वत है; चिन्ता मुक्त करने वाला मणि बस एक पत्थर है; सूर्य प्रचण्ड किरणों वाला है; चन्द्रमा घटता—बढ़ता रहता है; समुद्र खारा है; कामदेव को शरीर ही नहीं है; दानी बलि एक दैत्य था; कामधेनु एक पशु है; तब बतायें हे प्रभु! आपकी तुलना किसके साथ की जाये। आप अतुलनीय हैं।

१६. विनयं राजपुत्रेभ्यः पण्डितेभ्यः सुभाषितम्।
अनृतं द्यूतकारेभ्यः स्त्रीभ्यः शिक्षेत् कैतवम्।

व्यक्ति को राजपुत्रों से विनम्रता; विद्वान्‌ों से ज्ञान की बातें; जुआड़ियों से झूठ बोलना; स्त्रियों से छल करना सीखना चाहिए।

१७. अनालोक्य व्ययं कर्ता ह्यनाथः कलहप्रियः।
आतुरः सर्वक्षेत्रेषु नरः शीघ्रं विनश्यति।

जो व्यक्ति बिना विचारे, बिना देखे, शक्ति से अधिक खर्च करता है; निर्बल होते हुए भी सबसे लड़ाई—झगड़ा करता है; हर समय भोग के लिए लालायित रहता है; वह शीघ्र ही नष्ट हो जाता है।

१८. न-आहारं चिन्तयेत् प्राज्ञो धर्मं एकं हि चिन्तयेत्।
आहारो हि मनुष्याणां जन्मना सह जायेते।

बुद्धिमान व्यक्ति को भोजन की चिन्ता नहीं करनी चाहिए। उसे केवल धर्म, कर्म के सम्बन्ध में चिन्ता करनी चाहिए क्योंकि जन्म के समय से ही सबके भोजन का प्रबन्ध हो चुका रहता है।

१९. जलबिन्दु-निपातेन क्रमशः पूर्यते घटः।
स हेतुः सर्वविद्यानां धर्मस्य च धनस्य च।

जैसे एक—एक बूँद गिरने से घड़ा भर जाता है; उसी तरह निरन्तर एकत्रित करते रहने से धन, विद्या और धर्म की प्राप्ति होती है।

२०. वयसः परिणामे अपि यः खलः एव सः।
सुपक्वं अपि माधुर्यं न उपयाति इन्द्र वारुणम्।

जो व्यक्ति दुष्ट है वह परिपक्व अवस्था का हो जाने पर भी दुष्ट ही बना रहता है जैसे इन्द्रायण का फल पक जाने पर भी मीठा नहीं होता, कड़वा ही बना रहता है।

13

अध्याय तेरह

१. मुहूर्तं अपि जीवेच्च नरः शुक्लेन कर्मणा।
न कल्पं अपि कष्टेन लोकद्वयविरोधिना।

अगर एक मुहूर्त अर्थात् केवल 48 मिनट का जीवन मिले, तब उसे पुण्य कार्य करते हुए जीना चाहिए। इस लोक–परलोक में दुष्ट कर्म करते हुए हजारों वर्ष जीना व्यर्थ है।

२. गते शोको न कर्तव्यो भविष्यं नैव चिन्तयेत्।
वर्तमानेन कालेन प्रवर्तन्ते विचक्षणाः।

जो बातें बीत चुकी हैं, उन पर शोक नहीं करना चाहिए और भविष्य की भी चिन्ता नहीं करनी चाहिए। बुद्धिमान लोग वर्तमान समय के अनुसार कार्य में लगे रहते हैं।

३. स्वभावेन हि तुष्यन्ति पितरः सज्जनाः सुराः।
ज्ञातयो मानूपानाभ्यां वाक्यदानेन पण्डिता।

देवता, सज्जन और पितर स्वभाव से ही सन्तुष्ट होते हैं। बन्धु–बान्धव अच्छे खान–पान से और पण्डित मधुर सम्भाषण से प्रसन्न होते हैं।

४. अहो बात विचित्राणि चरितानि महा आत्मानम्।
लक्ष्मीं तृणाय मन्यन्ते तद् भारेण नमन्ति च।

यह महान् आश्चर्य की बात है कि महात्मा लक्ष्मी को तृण के समान समझते हैं और उसी के भार से झुके रहते हैं।

५. यस्य स्नेहो भयं तस्य स्नेहो दुखस्य भाजनम्।
स्नेह मूलानि दुःखानि तत्तत् त्यक्त्वा वसेत् सुखम्।

जिसका जिसके प्रति स्नेह होता है, उसी के लिए उसमें भय रहता है। स्नेह ही दुःख का कारण है। इसलिए स्नेह को त्यागकर सुख से रहना चाहिए।

६. अनागत विधाता च प्रत्युत्पन्नमतिस्तथा।
द्वावेतौ सुखमेधेते यद्भविष्यो विनश्यति।

आने वाले कष्ट को दूर करने के लिए जो पहले से ही तैयार रहता है और विपत्ति आने पर उसे दूर करने का उपाय सोच लेता है; वह अपने सुख में वृद्धि कर लेता है। जो सोचता है कि जो भाग्य में है वही होगा, वह नष्ट हो जाता है।

७. राज्ञि धर्मिणि धर्मिष्ठाः पापे पापाः समे समाः।
राजानं अनुवर्तन्ते यथा राजा तथा प्रजा।

राजा के धर्मात्मा होने पर प्रजा भी धार्मिक आचरण करती है। राजा के पापी होने पर प्रजा भी पाप–कर्म में लीन हो जाती है। राजा उदासीन रहता है तब प्रजा भी उदासीन रहती है, क्योंकि जैसा राजा करता है, प्रजा भी वैसा ही आचरण करती है।

८. जीवन्तं मृतवन्मन्ये देहिनं धर्मवर्जितम्।
मृतो धर्मेण संयुक्तो दीर्घजीवी न संशयः।

धर्म से रहित व्यक्ति जीवित होते हुए भी मृत के समान है, मगर धर्म से युक्त व्यक्ति मरने के बाद भी दीर्घकाल तक जीवित रहता है।

९. धर्म अर्थ काम मोक्षाणां यस्यै एको अपि न विद्यते।
अजागलस्तनः एव तस्य जन्म निर्रथकम्।

जिस मनुष्य के पास धर्म, अर्थ, काम और मोक्ष में से एक भी नहीं, उसका जन्म बकरी के गले में लटकते स्तन के समान होता है।

१०. दह्यमानाः सुतीव्रेण नीचाः पर यश अग्निना।
अशक्ताः तत्पदं गन्तुं ततो निन्दां प्रकुर्वते।

दुष्ट व्यक्ति दूसरे के यश को बढ़ते हुए देखकर उसी अग्नि में जलता है और जब उस पद को प्राप्त करने में असमर्थ रहता हैं, तब उस व्यक्ति की निन्दा करने लगता है।

११. बन्धाय विषया-आसक्त संगो मुक्ते निर्विषयं मनः।
मन एवं मनुष्याणां कारणं बन्ध मोक्षयोः।

व्यक्ति अपने विचारों के कारण ही बन्धन में फँसा हुआ है और विचारों के कारण ही बन्धन से मुक्त होता है। विषय–वासनाएँ ही बन्धन हैं, उनसे मुक्ति ही मोक्ष है।

१२. देह-अभिमाने गलिते ज्ञानेन परम आत्मनः।
यत्र तत्र मनो याति तत्र तत्र समाधयः।

अभिमान के नष्ट हो जाने पर परमात्मा से युक्त होकर मन जहाँ–जहाँ जाता है, वहाँ ही उसे समाधि की प्राप्ति हो जाती है।

१३. ईप्सितं मनसः सर्वं कस्य सम्पद्यते सुखम्।
दैव आयत्तं यतः सर्वं तस्मात् सन्तोषं आश्रयेत्।

व्यक्ति की सभी इच्छाएँ पूरी नहीं होतीं। इसलिए व्यक्ति को जीवन में सन्तोष धारण करना चाहिए।

१४. यथा धेनुसहस्रेषु वत्सो गच्छति मातरम्।
तथा यच्च कृतं कर्म कर्तारंअनुगच्छति।

जिस प्रकार हजारों गायों में बछड़ा केवल अपनी माँ के पास जाता है; उसी प्रकार जो किया जाता है, वह कर्म करने वाले के पीछे–पीछे चलता है।

१५. अनवस्थितकार्यस्य न जने न वने सुखम्।
जने दहति संसर्गाद वनं संगविवर्जनात।

बेढंगे काम करने वाले को न समाज में सुख मिलता है और न जंगल में। समाज में मनुष्यों का संसर्ग उसे दुःखी करता है, जबकि जंगल में अकेलापन।

१६. यथा खात्वा खनित्रेण भूतले वारि विन्दति।
तथा गुरुगतां विद्या शुश्रूषंः अधिगच्छति।

जैसे फावड़े से खोदने पर पृथ्वी के अन्दर से जल की प्राप्ति होती है, वैसे ही गुरु की सेवा करने वाले को विद्या की प्राप्ति होती है।

१७. कर्मायत्तं फलं पुंसां बुद्धिः कर्म अनुसारिणी।
तथापि सुधियः च आर्याः संविचार एव कुर्वते।

मनुष्य को कर्मों के अनुसार ही फल मिलता है और मनुष्य की बुद्धि भी कर्मानुसार ही कार्य करती है। इतने पर भी बुद्धिमान और सज्जन आदमी भली–भाँति सोच–विचारकर कार्य करते हैं।

१८. एक अक्षर प्रदातारं यो गुरुं न अभिवन्दति।
श्वानयोनिशतं भुक्त्वा चाण्डालेष्वभिजायेते।

एक अक्षर ॐ की जो वन्दना नहीं करता वह कुत्ते की योनि में सौ बार जन्म लेकर चाण्डाल की योनि में उत्पन्न होता है।

१९. युगान्ते प्रचलते मेरुः कल्पान्ते सप्त सागराः।
साधवः प्रतिपन्नार्थान् न चलन्ति कदाचन्।

एक युग के अन्त में सुमेरु पर्वत भी अपने स्थान पर नहीं रहता; कल्प के अन्त में समुद्र भी अपनी सीमाएँ लाँघ जाता है, परन्तु श्रेष्ठ पुरुष हाथ में लिये हुए कार्य पूरा करके छोड़ते हैं।

14

अध्याय चौदह

१. पृथिव्यां त्रीणि रत्नानि जलं-अन्नं सुभाषितम्।
मूढ़ै पाषाण खण्डेषु रत्नसंज्ञा विधियते।

इस पृथ्वी पर तीन ही रत्न हैं : जल, अन्न और सर्व हितकारी वचन। मूर्ख पत्थर के टुकड़ों को रत्न की संज्ञा देते हैं।

२. दारिद्रय-रोग-दुखानि बन्धन-व्यसनानि च।
आत्मा अपराध वृक्षस्य फलान्य एति देहिनाम्।

दरिद्रता, रोग, दुःख और बन्धन मनुष्य के अधर्म रूपी वृक्ष के फल हैं।

३. पुनः वित्तं पुनः मित्रं पुनः भार्या पुनः मही।
एतद् सर्वं पुनः लभ्यं न शरीरं पुनः पुनः।

धन, मित्र, पत्नी, धरती बार–बार मिल सकते हैं, किन्तु मानव देह बार–बार नहीं मिलता।

४. बहूनां चैव सत्त्वानां समवायो रिपुंजयः।
वर्षाधाराधरो मेघः तृणैः अपि निवार्यते।

निश्चित रूप से मनुष्य का संगठित रूप शत्रु को जीत सकता है, जैसे एकत्रित किया हुआ तिनका जल की धारा को रोक देता है।

५. जले तैलं खले गुह्यं पात्रे दाने मनागपि।
प्राज्ञे शास्त्रं स्वयं याति विस्तारं वस्तुशक्तितः।

जिस प्रकार जल पर तेल, दुष्ट व्यक्ति के पास गुप्त वार्ता, सुपात्र को दिया गया दान; बुद्धिमान का शास्त्र ज्ञान का स्वयमेव विस्तार हो जाता है।

६. धर्म आख्याने श्मशाने च रोगिणां या मतिः-भवेत्।
स सर्वदैव तिष्ठेच्चेत् को न मुच्यते बन्धनात्।

धार्मिक कथा सुनते समय; श्मशान में और रोगी के पास बैठने पर व्यक्ति में जो भाव उत्पन्न होते हैं, अगर वे स्थायी रह जायें, तब वह भव–बन्धनों से मुक्त हो सकता है।

७. पश्चात्तापोपजातस्य बुद्धिर्भवति यादृशी।
तादृशी यदि पूर्वं स्यात् कस्य न स्यान्-महोदयः।

दुष्कर्म करने के बाद पश्चाताप के क्षण में जैसी बुद्धि होती है वैसी बुद्धि अगर पूर्व से हो जाये, तब व्यक्ति को मोक्ष प्राप्त हो सकता है।

८. दाने तपसि शौर्यं वा विज्ञाने विनये नये।
विस्मयो न हि कर्तव्यो बहुरत्ना वसुन्धरा।

दान, तपस्या, वीरता, विज्ञान, विनम्रता और नीतिवान होने पर व्यक्ति को अभिमान नहीं करना चाहिए, क्योंकि इस पृथ्वी पर एक से बढ़कर एक रत्न हैं।

९. दूरस्थो अपि न दूरस्थो यो यस्य मनसि स्थितः।
यो अस्य हृदये नास्ति समीपस्यो अपि दूरतः।

जो जिसके हृदय में बसा हुआ है, वह यदि दूर है, तब भी बहुत निकट है। पर जो हृदय में नहीं है, वह निकट होकर भी दूर है।

१०. यस्य च अप्रियं इच्छेत तस्य ब्रूयात् सदा प्रियम्।
व्याधो मृगवधं कर्तुं गीतं गायति सुस्वरम्।

जिसको दुष्टता की इच्छा रहती है वह सदा बातें मीठी करता है जैसे कि हिरण को फँसाने के लिए बहेलिया पहली मीठे स्वर में गीत गाता है।

११. अत्यासन्ना विनाशाय दूरस्था न फलप्रदाः।
सेव्यतां मध्यभावेन राजा वह्निः गुरुः स्त्रियः।

राजा, गुरु, अग्नि और स्त्री से न बहुत दूर रहना ठीक है और न बहुत निकटता। इनका भोग मध्य भाग से करना चाहिए।

१२. अग्निः आपः स्त्रियों मूर्खः सर्पो राजकुलानि च।
नित्यं यत्नेन सेव्यानी सद्यः प्राण हराणि षट्।

अग्नि, जल, स्त्रियाँ, मूर्ख, साँप और राजपरिवार के लोगों से सदा सावधान रहना चाहिए, क्योंकि ये छः कभी भी प्राण ले सकते हैं।

१३. स जीवति गुणा यस्य यस्य धर्मः स जीवति।
गुणधर्म-विहीनस्य जीवितं निष्प्रयोजनम्।

वही जीता है, जिसके पास गुण या धर्म हो। जिसके पास गुण या धर्म नहीं है, उसका जीना व्यर्थ है।

१४. यदि इच्छसि वशी कर्तुं जगत एकेन कर्मणा।
पुरा पंचदशास्येभ्यो गां चरन्तीं निवारय।

यदि कोई एक ही कर्म से संसार को वश में कर लेना चाहता है, तब दूसरों की निन्दा करने वाली (पन्द्रह मार्गों) वाणी को अपने वश में कर ले। (पाँच कामेन्द्रियाँ, पाँच ज्ञानेन्द्रियाँ और इनके पाँच विषय रूप, रस, गन्ध, स्पर्श और शब्द ये पन्द्रह मार्ग (मुख) है।)

१५. प्रस्तावसदृशं वाक्यं प्रभावैः सदृशं प्रियम्।
आत्मशक्तिसमं कोपं यो जानाति स पण्डितः।

जो व्यक्ति अवसर के अनुकूल बात करना जानता है; अपने यश और अपनी गरिमा के अनुकूल मधुर भाषण कर सकता है और अपनी शक्ति के अनुसार क्रोध करता है; वास्तव में वही पण्डित है।

१६. एक एवं पदार्थः स्तु त्रिधा भवति वीक्षितः।
कुणपः कामिनी माँसं योगिभिः कामिभिः श्वभिः।

एक ही वस्तु को देखने वाले तीन तरह से देखते हैं। योगी माँस को अतिनिन्दित शव के रूप में देखते हैं। कामी सुन्दर नारी के रूप में देखते हैं और कुत्ता उसे लोथड़े के रूप में भक्ष्य समझता है।

१७. सुसिद्धं औषधं धर्मं गृहच्छिद्रं च मैथुनम्।
कुभुक्तं कुमृतं चैव मतिमान् न प्रकाशयेत्।

बुद्धिमान व्यक्ति अपने सिद्ध किये औषधि; किये गये धर्माचरण; घर के दोष; स्त्री के साथ सम्भोग; कुभोजन; सुने हुए निन्दित वचन किसी के सामने प्रकट नहीं करते हैं।

१८. तावन्मौनेन नीयन्ते कोकिलैश्चैव वासराः।
यावत् सर्वजन आनन्ददायिनी वाक्प्रवर्तते।

जब तक सबको आनन्द देने वाली बसन्त ऋतु आरम्भ नहीं होती है, तब तक कोयल मौन रहकर अपने दिन बिता देती है।

१९. धर्मं धनं च धान्यं च गुरोः वचनं औषधम्।
सुगृहीतं च कर्तव्यं अन्यथा तु न जीवति।

धर्म का आचरण; अन्न उपजाना; धन का संग्रह; गुरु के वचन रूपी औषधियों का संग्रह यत्नपूर्वक करना चाहिए। ऐसा न करने से जीवन अच्छा नहीं व्यतीत होता।

२०. त्यज दुर्जन संसर्गं भज साधुसमागमम्।
कुरु पुण्यंअहोरात्रं स्मर नित्यं-अनित्यताम्।

दुष्ट की संगति त्याग दें; सज्जन पुरुषों की संगति करें। दिनरात अच्छे कार्य और परमेश्वर का ध्यान करें।

15

अध्याय पन्द्रह

१. यस्य चित्तं द्रवीभूतं कृपया सर्वजन्तुषु।
तस्य ज्ञानेन मोक्षेण किं जटाभस्मलेपनैः।

जिसका हृदय दया से प्राणिमात्र के लिए पिघल जाता है, उसे ज्ञान की, मोक्षप्राप्ति के उपायों की या जटा में भस्म लगाने की क्या आवश्यकता?

२. एकं एव अक्षरं यस्तु गुरुः शिष्यं प्रबोधयेत्।
पृथिव्यां नास्ति तद्द्रव्यं यद्दत्वा च आनृणी भवेत्।

जो गुरु एक अक्षर ॐ का ज्ञान अपने शिष्य को करा देता है, वह शिष्य दुनिया के किसी भी पदार्थ को दक्षिणा में देकर गुरु के उस ऋण से मुक्त नहीं हो सकता।

३. खलानां कण्टकानां च द्विविधैव च प्रतिक्रिया।
उपान-न-मुख-भंगो या दूरतो वा विसर्जनम्।

दुर्जन या काँटे से बचने के लिए दो ही उपाय हैं या तो जूतों से उनका मुख कुचल दिया जाये या उनको दूर से ही त्याग दिया जाये।

४. कुचैलिनं दन्तं अलोपधारिणं ब्रह्वाशिनं निष्ठुर भाषिणं च।
सूर्योदये च अस्तं इते शयानं विमुंचति श्रीः यदि चक्रपाणि।

गन्दे कपड़े पहनने वाले, गन्दे दाँतों वाले, अधिक भोजन करने वाले, कठोर वचन बोलने वाले, सुबह या शाम को सोने वाले को लक्ष्मी, स्वास्थ्य, सौन्दर्य और शोभा त्याग देती है।

५. त्यजन्ति मित्राणि धनैः विहीनं दाराः च भृत्याः च सुहृद् जनाः च।
तं च अर्थवन्तं पुनः आश्रयन्ते अर्थो हि लोके पुरुषस्य बन्धुः।

जब किसी के पास धन नहीं रहता, तब उसके मित्र, पत्नी, नौकर और बन्धुगण त्याग देते हैं। अगर वह फिर धनी हो जाये, तब सब फिर आश्रय ले लेते हैं। धन ही व्यक्ति का बन्धु है।

६. अन्याय उपार्जितं द्रव्यं दशवर्षाणि तिष्ठति।
प्राप्ते च एकादशे वर्षे समूलं तस्य विनश्यति।

अन्याय से कमाया हुआ धन केवल दस वर्षों तक रहता है। ग्यारहवें वर्ष में वह मूल के साथ नष्ट हो जाता है।

७. अयुक्तं स्वामिनो युक्तं युक्तं नीचस्य दूषणम्।
अमृतं राहवे मृत्युः विषं शंकरभूषणम्।

समर्थ और शक्तिमान के अनुचित कार्य भी उचित माने जाते हैं। नीच उचित भी कार्य करता है, तब अनुचित माना जाता है। राहु के लिए अमृत भी मृत्यु का कारण बन गया और शिव के लिए विष भी कण्ठहार आभूषण बन गया।

८. तद्-भोजनं यद्द्विजभुक्तशेषं तत्सौहृदं यत्क्रियते परस्मिन्।
स बद्धिमान यो न करोति पापं दम्भं विना यः क्रियते स धर्मः।

वास्तविक भोजन वह है, जो ब्राह्मण आदि को खिला देने के बाद बचता है; प्रेम या स्नेह उसे ही कहा जाता है, जो परायों से किया जाता है; बुद्धिमता यह कि व्यक्ति पापकर्म करने से बचा रहे और धर्म यह कि व्यक्ति में छल–कपट न हो।

९. मणिः लुण्ठित पादाग्रे काचः शिरसि धार्यते।
क्रयविक्रयवेलायां काचः काचो मणिः मणिः।

किसी विशेष स्थिति में रत्न चाहे पैरों में लुढ़कता रहे, परन्तु बेचने या खरीदने के समय शीशा शीशा रहता है और मणि मणि।

१०. अनन्तशास्त्रं बहुलाः-च विद्याः अल्पः च कालो बहु विघ्नता च।
यत्सारभूतं तद्-उपासनीयं हंसो यथा क्षीरं इव अम्बुं ध्यात्।

शास्त्र बहुत हैं; विद्या बहुत है और हमारे पास समय की कमी है तथा विघ्न भी अनेक हैं। ऐसे में केवल सारभूत बातों को ग्रहण करना चाहिए, जैसे हंस दूध पी जाता है और जल छोड़ देता है।

११. दूरागतं पथि श्रान्तं वृथा च गृहं आगतम्।
अनः चयित्वा यो भुंगक्ते स वै चाण्डाल उच्यते।

दूर से आये थके पथिक को बिना भोजन कराये, जो भोजन कर लेता है, उसे चाण्डाल कहा जाता है।

१२. पठन्ति चतुरो वेदान् धर्म शास्त्राण अनेकशः।
आत्मानं नैव जानन्ति दर्वी पाकरसं यथा।

जो लोग शास्त्रों का अध्ययन करने के बाद भी आत्मा–परमात्मा को नहीं जानते, वे उस कलछुल के समान होते हैं, जो शाक–सब्जी में घूमता रहता है, किन्तु उनका स्वाद नहीं जानता।

१३. धन्या द्विजमयी नौका विपरीता भवार्णवे।
तरन्त्य अधोगताः सर्वे उपरिस्थाः पतन्तयधः।

इस संसारसागर में ब्राह्मणरूपी नौका धन्य है, जो उल्टी गति से चलती है। जो इस नाव के नीचे रहते हैं, वे तो पार उतरते ही हैं, जो ऊपर रहते हैं उनका पता नहीं चलता।

१४. अयं अमृत निधानं नायको अपि-औषधिनां
अमृतमय शरीरः कान्तियुक्तो अपि चन्द्रः।
भवति विगत-रश्मिः मण्डलं प्राप्य भानोः
परसदननिविष्टः को लघुत्वं न याति।

दूसरे के घर में जाने से व्यक्ति का सम्मान घटता है, जैसे अमृत का भण्डार चन्द्रमा, जो गुणकारी औषधियों का स्वामी है, वही जब सूर्यमण्डल पर जाता है, तब तेजहीन हो जाता है।

१५. अलिरयं नलिनीदलमध्यगः कमलिनीमकरन्दमदालसः।
विधिवशात्-परदेशं उपागतः कुटजपुष्परसं बहु मन्यते।

भौंरा कमलिनी के फूल की पंखुड़ियों पर बैठा रहता है, किन्तु वही जब कँटीले पौधों के पास जाता है, तब रस तो मिल जाता है, किन्तु कष्ट भी बहुत उठाना पड़ता है।

१६. पीतः क्रुद्धेन तातः चरणतलहतो वल्लभो येन रोषाद्
आबाल्याद् विप्रवर्यैः स्ववदनविवरे धार्यते वैरिणी या।
गेहं मे छेदयन्ति प्रतिदिवसं-उमाकान्तपूजानिमित्तं
तस्मात् खिन्ना सदाहं द्विजकुलनिलयं नाथयुक्तं त्यजामि।

विष्णु द्वारा लक्ष्मी से पूछने पर कि वे ब्राह्मणों से वैर क्यों रखती हैं? लक्ष्मी कहती हैंः अगस्त्य ऋषि ने क्रोध में मेरे पिता समुद्र को ही पी लिया था। भृगु ने आकर मेरे प्रिय पति की छाती पर लात मारी। ये लोग बचपन से ही सरस्वती को प्रसन्न करने में लगे रहते हैं। प्रतिदिन शिव की पूजा के लिए कमल पुष्पों को उजाड़ देते हैं। यही कारण है कि ब्राह्मणों से सदा दूर रहती हूँ।

१७. बन्धनानि खलु सन्ति बहूनि प्रेमरज्जु दृढ़बन्धनं अन्यत्।
दारुभेदनिपुणा अपि षडघ्रिः निष्क्रियो भवति पंकजकोशे।

इस संसार में अनेक बन्धन हैं, किन्तु प्रेमरूपी बन्धन विचित्र है। लकड़ी को छेदने वाला भँवरा भी कमल के फूल में बन्द होकर निष्क्रिय हो जाता है।

१८. छिन्नो अपि चन्दन तरुर्न जहाति गन्धं वृद्धो अपि वारणपतिर्न जहाति लीलाम्।
यन्त्र अर्पितो मधुरतां न जहाति चेक्षुः क्षीणो अपि न त्यजति शीलगुणान् कुलीनः।

चन्दन का वृक्ष कट जाने के बाद भी अपनी सुगन्ध बचाये रहता है। बूढ़ा हो जाने पर भी हाथी अपनी क्रीड़ाएँ नहीं छोड़ता। कोल्हू में पेर दिये जाने पर भी ईख की मिठास बनी रहती है। इसी प्रकार कुलीन व्यक्ति निर्धन हो जाने पर भी अपनी कुलीनता नहीं छोड़ता।

16

अध्याय सोलह

१. न ध्यातं पदम् ईश्वरस्य विधिवत् संसारविच्छित्तये
स्वर्गद्वारकपाटपाटन पटुःधर्मो अपि न उपार्जितः।
नारी-पीन-पयोधरोरु युगलं स्वप्ने अपि न आलिंगितं
मातुः केवलं एव यौवन वनः छेदे कुठारा वयम्।

जिस व्यक्ति ने संसाररूपी जाल को काटने के लिए प्रभु का ध्यान नहीं किया और स्वर्ग के द्वार खोलने के लिए धर्म का संग्रह नहीं किया तथा नारी के स्तनों और जंघाओं का आलिंगन नहीं किया, वह माता के यौवन को नष्ट करने वाला अपने जीवन को निरर्थक करता है।

२. जल्पन्ति सार्धमन्येन पश्यन्त्यन्यं सविभ्रमाः।
हृदये चिन्तयन्त्यन्यं न स्त्रीणां एकतो रतिः।

वेश्याओं को किसी से प्रीति नहीं होती। वह बातचीत तो किसी एक से करती है, परन्तु हाव–भाव किसी अन्य के लिए होता है और हृदय में चिन्तन किसी और का करती है।

३. यो मोहान्मन्यते मूढ़ो रक्तेयं मयि कामिनी।
स तस्य वशगो भूत्वा नृत्येत् क्रीड़ाशकुन्तवत्।

जो मूर्ख व्यक्ति यह समझता है कि वेश्या उससे ही प्रेम करती है, वह कठपुतली के समान उसी के इशारों पर नाचता रहता है।

४. को अर्थान् प्राप्य न गर्वितो विषयिणः कस्यापदो अस्तं गतः
स्त्रीभिः कस्य न खण्डितं भुवि मनः को नाम राज्ञां प्रियः।
कः कालस्य न गोचरत्वं को अर्थी गतो गौरवं
को वा दुर्जन दुर्गुणेषु पतितः क्षेमेण यातः पथि।

इस संसार में कोई ऐसा व्यक्ति नहीं जिसे धन और ऐश्वर्य पाकर अभिमान न हुआ हो। कोई विषयभोगों में लिप्त ऐसा नहीं, जिसे कष्ट भोगने न पड़े हों। ऐसा कोई नहीं, जो सुन्दर, रूपवती स्त्रियों के वश में नहीं हुआ हो और दुष्ट के चक्कर में पड़कर कुशलतापूर्वक संसार में रह सकनेवाला भी कोई नहीं हुआ।

५. न निर्मितः केन दृष्टप्पूर्वोः न श्रूयते हेममयः कुरंगः।
तथा अपि तृष्णा रघुनन्दनस्य विनाशकाले विपरीत बुद्धिः।

आज तक न सोने के मृग की रचना हुई और न किसी ने सोने का मृग देखा। फिर भी श्रीरामजी स्वर्णमृग को पकड़ने के लिए उतावले हो गये। सच यह है कि जब विपत्ति आने को होती है, तब मति उलट जाती है।

६. गुणैः उत्तमता यानीत न निचैः आसन संस्थितैः।
प्रासादशिखरस्थो अपि काकः किं गरुडायते।

मनुष्य अपने अच्छे गुणों के कारण श्रेष्ठता को प्राप्त होता है। ऊँचे आसन पर बैठने के कारण किसी को श्रेष्ठ नहीं माना जाता। राजमहल के सबसे ऊपरी कंगूरे पर बैठने के कारण कौवा गरुड़ नहीं बन सकता।

७. गुणाः सर्वत्र पूज्यन्ते न महत्यो अपि सम्पदः।
पूर्णेन्दुः किं तथा वन्द्यो निष्कलंको यथा कृशः।

गुणों के कारण किसी को सम्मान मिलता है, सम्पदा के कारण नहीं। दाग धब्बों से रहित दूज का चाँद जितना पूजा जाता है; उतना पूर्णिमा का चाँद भी नहीं।

८. परप्रोक्तगुणो यस्तु निर्गुणो अपि गुणी भवेत्।
इन्द्रोअपि लघुतां याति स्वयं प्रख्यापितैःगुणैः।

जिस व्यक्ति के गुणों की प्रशंसा दूसरे करते हैं, उसमें वह गुण न हो, तब भी मान लिया जाता है, किन्तु इन्द्र भी अपने मुख से अपनी प्रशंसा करते हैं, तब छोटे हो जाते हैं।

९. विवेकिनं अनुप्राप्ता गुणा यानीत मनोज्ञताम्।
सुतरां रत्नं आभाति च आमीकर नियोजितम्।

जिस प्रकार सोने के आभूषण में जड़ा हुआ रत्न और भी सुन्दर दिखायी देता है, उसी प्रकार व्यक्ति विवेकपूर्वक अपने गुणों का विकास करके अपने व्यक्तित्व को प्रभावशाली बना सकता है।

१०. गुणैः सर्वज्ञ तुल्यो अपि सीदत्येको निराश्रयः।
अनर्घ अपि माणिक्यं हेमाश्रयं अपेक्षते।

गुणों में सर्वज्ञ परमात्मा के समान होने पर भी निराश्रित व्यक्ति दुःखी रहता है, जैसे अत्यन्त मूल्यवान हीरा भी सोने में जड़े जाने की आकांक्षा करता है। इसी तरह व्यक्ति में सहारा की अपेक्षा रहती है।

११. अतिक्लेशें च ये अर्था धर्म स्यातिक्रमेण तु।
शत्रूणां प्रणिपातेन ते ह्य अर्था मा भवन्तु मे।

जो धन दूसरों को हानि और पीड़ा पहुँचाकर, अधार्मिक कार्यो से या शत्रु के सामने गिड़गिड़ाने से प्राप्त हो, वह धन बेकार है।

१२. किं तया क्रियते लक्ष्म्या या वधूरित केवला।
या तु वेश्येव सामान्या पथिकैः अपि भुज्यते।

ऐसे धन का कोई लाभ नहीं, जो कुलवधू की तरह केवल एक के उपयोग के लिए हो। धन–सम्पति को वेश्या के समान होना चाहिए, जिसका लाभ राह चलते लोग उठा सकें।

१३. धनेषु जीवितव्येषु स्त्रीषु च आहार कर्मसु।
अतृप्ताः प्राणिनः सर्वे याता यास्यन्ति यानीत च।

इस संसार में कोई ऐसा प्राणी नहीं है, जो धन का उपभोग करते तृप्त हुआ हो। धन का उपभोग जीवन के कार्यों; स्त्रियों के सेवन और भोजन आदि पर करने से व्यक्ति अतृप्त रहेगा और अतृप्त ही चला जायेगा।

१४. क्षीयन्ते सर्वदानानि यज्ञहोमबलिक्रियाः।
न क्षीयते पात्रदानंअभयं सर्वदेहिनाम्।

सभी प्रकार के अन्न, जल, वस्त्र; सभी प्रकार के यज्ञ, होम, बलि आदि कर्म नष्ट हो जाते हैं, परन्तु सुपात्र व्यक्ति को दिया हुआ दान और प्राणिमात्र को दिया गया अभयदान कभी नष्ट नहीं होता।

१५. तृणं लघु तृण आतुलं तूलादपि च याचकः।
वायुना किं न नीतो असौ मामयं याचयिष्यति।

तृण बहुत हल्का होता है; उससे भी हल्का होता है रूई और उससे भी हल्का वायु, किन्तु याचक इन सबसे हल्का हो जाता है।

१६. वरं प्राणपरित्यागो मानभंगेन जीवनात्।
प्राणत्यागे क्षणं दुःखं मानभंगे दिने-दिने।

अपमानित होकर जीने से मर जाना अच्छा है। मरने पर क्षण भर का दुःख है, किन्तु अपमानित होने पर प्रतिदिन का।

१७. प्रियवाक्यप्रदानेन सर्वे तुष्यन्ति जन्तवः।
तस्मात्तदेव वक्तव्यं वचने का द्ररिद्रता।

मधुर वाणी सुनकर सभी प्राणी प्रसन्न हो जाते हैं। इसलिए मधुर बोलने में क्या निर्धनता?

१८. संसारविषवृक्षस्य द्वे फले अमृतोपमे।
सुभाषितंच सुस्वादं संगतिः सुजने जने।

संसार विष का वृक्ष है, जिसमें दो अमृततुल्य फल हैं। एक है सुभाषित, सबके भले के लिए कथन और दूसरी है सज्जनों की संगति।

१९. *बहुजन्मसु चा अभ्यस्तं दानं अध्ययनं तपः।*
तेनैवाभ्यासयोगेन दहीचाभ्यस्यते पुनः।

अनेक जन्मों में मनुष्य ने दान, अध्ययन और तप का जो अभ्यास किया, वही पुनः–पुनः करता रहता है।

२०. *पुस्तकेषु च या विद्या परहस्तेषु तत् धनम्।*
उत्पन्नेषु च कार्येषु न सा विद्या न तत् धनम्।

पुस्तकों में जो ज्ञान हो या दूसरे के हाथ में जो धन हो; आवश्यकता पड़ने पर न वह विद्या काम आती है और न वह धन।

17

अध्याय सत्रह

१. पुस्तकप्रत्ययाधीतं नाधीतं गुरुसन्निधौ।
सभामध्ये न शोभन्ते जारगर्भा इव स्त्रियः।

जिन व्यक्तियों ने गुरु के पास बैठकर शिक्षा नहीं ली वे विद्वानों की सभा में उसी प्रकार शोभा नहीं पाते जैसे दुष्कर्म से गर्भ धारण करने वाली स्त्री समाज में सम्मान नहीं पाती।

२. कृते प्रतिकृति कुर्याद् हिंसने प्रतिहिंसनम्।
तत्र दोषी न पतति दुष्टे दौष्ट्यं समाचरेत्।

जो जैसा करे, उससे वैसा ही व्यवहार करें। कृतज्ञ के प्रति कृतज्ञता भरा और हिंसक के प्रति हिंसा भरा। दुष्ट से दुष्टता का व्यवहार करने से किसी प्रकार का पाप नहीं लगता।

३. यद्दूरं यद्दूर आराध्यं यच्च दूरे व्यवस्थिम्।
तत्सर्वं तपसा साध्यं तपो हि दुरति क्रमम्।

जो वस्तु अति दूर है, जिसकी आराधना करना कठिन है या जो बहुत ऊपर है, पहुँचना कठिन है, उसे तप के द्वारा ही सिद्ध किया जाता है।

४. लोभश्चेदगुणेन किं पिशुनता यद्यस्ति किं पातकैः
सत्यं चेत्-तपसा च किं शुचिमनः यद्यस्ति तीर्थेन किम्।
सौजन्यं यदि किं गुणैः सुमहिमा यद्यस्ति किं मण्डनैः
सद्-विद्या यदि किं धनैः अपयशो यद्यस्ति किं मृत्युना।

यदि व्यक्ति में लोभ है तब अन्य बुराई की आवश्यकता नहीं; चुगलखोर के लिए अन्य पाप करने की आवश्यकता नहीं; सत्यवादिता है तब अन्य तप की आवश्यकता नहीं; मन में पवित्रता है तब तीर्थ स्नान की आवश्यकता नहीं; यश फैल रहा तब अन्य आभूषण की आवश्यकता नहीं; यदि उत्तम विद्या है तब अन्य धन की आवश्यकता नहीं और अगर अपयश फैल रहा है, तब वह मरे हुए के समान है।

५. पिता रत्नाकरो यस्य लक्ष्मी यस्य सहोदरी।
शंखो भिक्षाटनं कुर्यान्न आदत्तं उपतिष्ठते।

शंख के पिता महासागर हैं; लक्ष्मी शंख की सगी बहन है; शंख चन्द्रमा–सा चमकता है; इसपर भी अगर कोई शंख बजाकर भीख माँगता है, तब यह समझना चाहिए कि दान दिये बिना मान की प्राप्ति नहीं होती।

६. अशक्तस्तु भवेत् साधुः ब्रह्मचारी च निर्धनः।
व्याधिष्ठो देवभक्तः च वृद्धा नारी पतिव्रता।

अशक्त व्यक्ति साधु या सज्जन हो जाता है; निर्धन व्यक्ति ब्रह्मचारी और रोगी व्यक्ति भगवान के भक्त हो जाते हैं और बूढ़ी स्त्री पतिव्रता हो जाती है।

७. न अन्नोदकं समं दानं न तिथिः द्वादशी समा।
न गायत्र्याः परो मन्त्रो न मातुः परं दैवतम्।

अन्न और जल के समान कोई श्रेष्ठ दान नहीं; न द्वादशी के समान कोई तिथि है; न गायत्री के समान कोई मन्त्र है और न माता के समान कोई देवता है।

८. तक्षकस्य विषं दन्ते मक्षिकायाः शिरो विषम्।
वृश्चकस्य विषं पुच्छे सर्वांगे दुर्जनं विषम्।

साँप का विष उसके दाँत में होता है; मधुमक्खी का विष मस्तक में; बिच्छू का विष पूँछ में, किन्तु दुर्जन के सभी अंगों में विष होता है।

९. पत्युराज्ञां विना नारी उपोष्य व्रतचारिणी।
आयुष्यं हरते भर्तुः सा नारी नरकं व्रजेत्।

पति की आज्ञा के बिना जो नारी व्रत–उपवास करती है, वह पति की आयु नष्ट करती ही है; स्वयं नरक में जाती है।

१०. न दानैः शुध्यते नारी न उपवास शतैः अपि।
न तीर्थसेवया तद्वद् भर्तुः पादोदकैः यथा।

स्त्री दान करने से या उपवास करने से या तीर्थ करने से शुद्ध नहीं होती। वह पति के पाँवों की सेवा करने से होती पवित्र है।

११. दानेन पाणिनः तु कंकणेन स्नानेन शुद्धिः न तु चन्दनेन।
मनेन तृप्तिः न तु भोजनेन ज्ञानेन मुक्तिः न तु मण्डनेन।

हाथ की शोभा कंगन से नहीं दान देने से होती है। शरीर की शुद्धि चन्दन से नहीं स्नान से होती है; मनुष्य की तृप्ति भोजन से नहीं मान–सम्मान से होती है और मानव को मोक्ष सिर को मुड़ाने से नहीं, ज्ञान से होती है।

१२. नापितस्य गृहे क्षौरं पाषाणे गन्धलेपनम्।
आत्मरूपं जले पश्येन शक्रस्ययापि श्रियं हरेत्।

नाई के घर जाकर हजामत बनवाना; पत्थर आदि पर चन्दन का लेप लगाना; जल में अपनी छवि देखना इन्द्र जैसे वैभवशाली की भी शोभा हर लेता है।

१३. सद्यः प्रज्ञाहरा तुण्डी सद्यः प्रज्ञाकरी वचा।
सद्यः शक्तिहरा नारी सद्यः शक्तिकरं पयः।

कुन्दुरू खाने से बुद्धि तत्काल नष्ट हो जाती है; वच खाने से बुद्धि बढ़ती है। स्त्री तत्क्षण शक्ति हर लेती है; दूध तत्क्षण शक्ति दे देता है।

१४. परोपकरणं येषां जागर्ति हृदये सताम्।
नश्यन्ति विपदः तेषां सम्पदः स्युः पदे पदे।

जिनके हृदय में दूसरों के प्रति उपकार की भावना जागृत रहती है, उनकी विपत्तियाँ नष्ट हो जाती हैं और पग–पग पर धन–सम्पति की प्राप्ति होती है।

१५. आहारनिद्राभयमैथुनं च सामान्यं एतत् पशुभिः नराणाम्।
धर्मो हितेषां अधिको विशेषो धर्मेण हीनाः पशुभिः समाना।

भोजन करना, नींद लेना, भयभीत होना और मैथुन करना पशु और मनुष्य में सामान्य रूप से पाया जाता है। धर्म मनुष्यों में पशुओं से उन्हें अलग करता है। जिसके पास धर्म नहीं है, वह पशु के समान है।

१६. दान अर्थिनो मणुकरा यदि कर्ण तालैः दूरीकृताः करिवरेण मदान्धबुद्ध्या।
तस्यैव गण्डयुगमण्डनहानिः एषा भृंगा पुनः विकचपद्मवने वसन्ति।

यदि मद में अन्धा हाथी अपने मस्तक पर बैठे मद के इच्छुक भौरों को कान फड़फड़ाकर भगा देता है, तब उन्हें कोई हानि नहीं होती। वे खिले हुए कमलों पर जा बैठते हैं, किन्तु हाथी के मस्तक की शोभा समाप्त हो जाती है।

१७. राजा वेश्या यमो ह्यग्निः तस्करो बालयाचकौ।
परदुःखं न जानन्ति अष्टमो ग्रामकण्टकः।

राजा, वेश्या, यमराज, अग्नि, चोर, बालक, याचक और ग्रामीणों को सताने वाले; ये आठ दूसरों के दुःख को नहीं समझते।

१८. अधः पश्यसि किं वृद्धे पतिं तव किं भुवि।
रे रे मूर्ख न जानासि गतं तारुण्य–मौक्तिकम्।

किसी वृद्धा को झुकी हुई धरती पर ताकती देखकर एक युवा ने पूछा कि क्या आपका कुछ खो गया है?

वृद्धा ने कहा : अरे मूर्ख! तू नहीं जानता कि मेरा यौवनरूपी मोती गिर गया है।

१६. व्याल आश्रया अपि विफलापि सकण्टका अपि वक्रा अपि पंकिल भवा अपि दुरासदा अपि।
गन्धेन बन्धुरसि केतकि सर्वजन्तोः एको गुणः खलु निहन्ति समस्त दोषान्।

केतकी में साँप लिपटे रहते हैं; फल भी नहीं लगते; काँटे भी हैं; कीचड़ में पैदा होती है; सरलता से प्राप्त भी नहीं होती फिर भी इसका सुगन्ध सबको मोह लेता है।

www.ingramcontent.com/pod-product-compliance
Lightning Source LLC
Chambersburg PA
CBHW032307210326
41520CB00047B/2270